마시다
DRINK

마시다
전·현직 음료 연구원 & 마케터가 말하는 음료의 역사부터 광고이야기까지

초판 1쇄 발행 2023년 7월 17일

지은이 김송이, 김승환, 김채영, 이원기, 고봉수, 김길현, 김덕기, 김수로, 지승환, 백솔애, 석지민, 신동주, 최정민
펴낸이 장길수
펴낸곳 지식과감성#
출판등록 제2012-000081호

교정 김서아
디자인 김희수
편집 이현
검수 김지원
마케팅 정연우

주소 서울시 금천구 벚꽃로298 대륭포스트타워6차 1212호
전화 070-4651-3730~4
팩스 070-4325-7006
이메일 ksbookup@naver.com
홈페이지 www.knsbookup.com

ISBN 979-11-392-1190-0(03590)
값 17,000원

• 이 책의 판권은 지은이에게 있습니다.
• 이 책 내용의 전부 또는 일부를 재사용하려면 반드시 지은이의 서면 동의를 받아야 합니다.
• 잘못된 책은 구입하신 곳에서 바꾸어 드립니다.

지식과감성#
홈페이지 바로가기

전·현직 음료 연구원 & 마케터가 말하는
음료의 역사부터 광고이야기까지

마시다
DRINK

집필저자 김송이 김승환 김채영 이원기 고봉수 김길현
김덕기 김수로 지승환 백솔애 석지민 신동주 최정민

> "우리가 매일 마시고 있는 '음료'는
> 어떻게 만들어지고 있을까?"

평소에 음료에 대해 궁금한 모든 것에 대한 속 시원한 해답을
식품 연구원과 마케터 현직자를 통해 전해 듣는다!

지식과감정#

머리말

　우리가 일상생활에서 접할 수 있는 '음료'의 역사, 최근 트렌드, 제조 방법 등에 대해 숨겨진 비하인드 스토리를 "식품 연구원과 마케터가 함께 전달하면 재미있지 않을까?"라는 생각에서 《마시다》라는 책이 시작되었다. 연구원과 마케터는 같은 음료 회사에 다니지만 본질적으로 다른 생각을 하는 사람들이다. 연구원은 맛있는 음료를 만드는 데 관심이 있고, 마케터는 이 음료를 소비자들에게 그럴듯하게 소개하는 데 관심이 더 많은 사람들이다. 이 다른 사람들이 "각자의 영역에서 음료에 대해 얘기해 준다면 음료에 대한 전방위적인 가이드북이 되지 않을까?"하는 기대감이 있었다. 특히 현직에 있는 회사원이라면 최신 트렌드나 대표 제품 등 산업적인 이슈도 모두 반영할 수 있을 거라 보였다. 이런 기준으로 현직 연구원들과 마케터들이 모였고, 각자의 경험을 모으니 주류를 제외한 거의 모든 음료의 카테고리를 다룰 수 있었다. 다만 소비자들이 모두 알 만한 제품을 다루기 위해, 제품의 유형은 판매점을 통해 유통되는 가공 음료로만 한정하였다.

　음료는 수분을 공급하는 기능적인 역할 외에, 정신을 깨우는 자극적인 맛과 향으로 인간에게 영감을 제공하는 일을 해 왔다. 차는 마음을 가라앉혀 동양의 마음 수련을 발달시켰고, 커피는 정신을 각성시켜 서양의 산업화에 기여했다. 열량을 제공하는 식품과 다르게 음료는 문화적, 역사적, 정신적 측면이 더 강하고 실제로 역사나 기원을 봐도 그러하다. 이 책에서는 전통적인 음료들의 역사와 기원을 다루어 각 음료의 고유한 존재 이유와 중요성에 대해 설명하였다. 근래에 만들어진 스포츠 음료나 단백질 음료도 다루고 있으며 특히 최근 브랜드들의 대표 제품 및 광고도 언급하여 트렌드도 놓치지 않았다. 한편 타 업계에서도 "식품 업계의 브랜드 경쟁을 통해 새로운 아이디어를 얻을 수 있지 않을까?"라는 생각을 할 수 있지도 않을까 한다.

　음료가 정신적 측면이 강하다고 하였지만, 근래에 와서 대기업을 통해서 음료가 대량 생산되다 보니 물리적인 측면, 즉 품질의 균일성, 위생 등도 중요해졌다. 최근에는 브랜드 차별성이 떨어지다 보니 제조 방법의 차별성을 브랜드 정체성으로 내세우고 있는 경우도 생겼다. 이 책에서는 다양한 광고로 노출되는 제조 방법에 대해서도 설명하였다. 다만 의욕적인 연구원이 과

다한 정보를 제공한 것이 아닌가 하는 걱정이 되기도 한다. 하지만 이과 지식이 점점 경쟁력이 되어 가는 시기이다 보니, 마음의 여유가 있다면 관심을 가져 보기를 제안한다.

  이 책의 가장 큰 특징은 식품 업체 현직자 Q&A이다. 근래에 와인토크라 하여 와인 같은 음료에 대한 지식이 일상 대화에서 주요 소재로 활용되고 있다. 음료는 처음 만난 사람이나 오래 본 지인이나 누구나 관심 있어 하는 분야로, 쉽게 대화 소재로 활용할 만하다. 최근 일상생활에서 접하는 음료에 대한 궁금증이나, 들어는 봤지만 정확히 모르는 용어들을 현직자 Q&A에서 대부분 다루었다. 이 정도만 알고 있으면 어디 가서나 음료 전문가로 인정받을 수 있을 정도로 수준 있게 구성하였으니 꼭 일독하기를 추천드린다.

  이 책을 통해 독자들이 일상생활에서 접하는 음료에 대한 궁금증을 '사이다'처럼 시원하게 해결해 줄 수 있는 도서가 되길 바란다.

저자 일동

CONTENTS

Part 1. 생수의 판매는 원래 불법이었다?

1. 역사   20

2. 대표 제품 및 트렌드   22
  1) 대표 제품   22
  2) 트렌드   25
    (1) 더욱 깨끗하게, 더욱 순수하게
    (2) 물도 프리미엄으로
    (3) 생필품인 물, 이제는 가성비 있게
    (4) 지속 가능한 세상을 위한 '물'
  3) 광고   27

3. 제조 과정   30
  1) 정의   30
    (1) 사전적 정의
    (2) 물과 관련된 법(환경부)
  2) 제조 공정   31

4. 현직자와 함께하는 Q&A   33
  Q1. 우리가 먹는 물, 맛과 주요 성분들이 어떻게 달라지는 것인가요?
  Q2. 소비자들이 먹는 샘물은 살균이라는 공정을 거치게 되나요?
  Q3. 탄산수의 효능과 우리 몸에 미치는 영향은 무엇인가요?

Q4. 우리가 먹는 물(생수, 정수기 물) 어떤 차이가 있을까요?
Q5. 물의 종류에 따라 맛이 다른 이유는 무엇일까요?
Q6. 물은 유통기한이 어떻게 되나요?

5. 참고 문헌 38

Part 2. 세종대왕님도 즐겨 마신 탄산음료

1. 역사 및 분류 42
   1) 역사 42
   2) 분류 43

2. 대표 제품 및 트렌드 44
   1) 대표 제품 44
   2) 트렌드 48
      (1) 치킨에는 콜라, 삶은 달걀에는 사이다
      (2) 상큼하게 톡! 터지는 과일의 맛
      (3) 활기찬 시대, 새로운 목 넘김이 필요할 때
      (4) 탄산, 주연이 되다
      (5) 더하거나 빼거나
   3) 광고 51

3. 제조 과정 54
   1) 정의 54
   2) 제조 공정 54
      (1) 시럽 배합
      (2) 정률 혼합 및 탄산 주입
      (3) 충진 및 밀봉
      (4) 후살균(선택적 공정)

4. Q&A 57
Q1. 탄산음료별 용량이 달라 보이는 이유는 무엇인가요?
Q2. 탄산음료는 치아에 안전한가요?
Q3. 전 세계의 코카콜라의 맛은 동일한가요?
Q4. 포장 용기(종이팩, 유리병, 캔, 페트병)에 따른 차이점은 무엇인가요?

Q5. 업소용 콜라, 일반용 콜라 맛이 다른 것일까요?
Q6. 코카콜라의 레시피가 지금도 알려지지 않은 이유는 무엇인가요?
Q7. 제로 음료들은 어떻게 단맛이 나는 것일까요?
Q8. 탄산음료의 페트병과 생수 페트병 모양은 왜 다를까요?
Q9. 유색 페트병이 투명 페트병으로 바뀌게 된 이유는 무엇일까요?

5. 참고 문헌 62

Part 3. 제2차 세계 대전을 승리로 이끈 커피

1. 역사 66

2. 대표 제품 및 트렌드 68
   1) 대표 제품 68
   2) 트렌드 71
      (1) 한국인의 커피 사랑의 시작 '캔 커피'
      (2) 겨울에도 얼죽아, 차게 마시는 '컵 커피'
      (3) 언제 어디서나 즐기는 커피 'NB 캔 커피'
      (4) '마이너스'가 중요해진 커피 시장
   3) 광고 73

3. 제조 과정 76
   1) 정의 76
   2) 원두 76
      (1) 커피 원두 품종
      (2) 재배와 가공
      (3) 로스팅
      (4) 추출
   3) RTD 커피 79
      (1) 커피 추출액 제조
      (2) 배합액 제조
      (3) 균질, 살균 및 포장

4) 인스턴트커피   80
   (1) 커피 추출액 제조
   (2) 건조(분무 건조, 동결 건조)
   (3) 커피 믹스 제조

4. 현직자와 함께하는 Q&A   82
Q1. 커피우유가 커피음료로 분류되는 이유는 무엇일까요?
Q2. 밀크커피(자판기), 카페라떼(카페), 커피우유(공장)의 차이점은 무엇일까요?
Q3. 디카페인 커피는 어떻게 만들어지나요?
Q4. 커피 대용 음료(레드불, 핫식스 등)와 커피별 차이는 무엇인가요?
Q5. 커피는 하루에 몇 잔까지 마실 수 있나요?

5. 참고 문헌   85

Part 4. 주스와 식초는 형제 사이

1. 역사   88

2. 대표 제품 및 트렌드   89
  1) 대표 제품   89
    (1) 1세대 주스
    (2) 2세대 주스
    (3) 3세대 주스
  2) 트렌드   92
    (1) 귀한 선물 '오렌지주스'
    (2) 이국적인 수입의 맛
    (3) 더욱 진화된 웰빙. "Better for you"
    (4) 주스로 가치 소비하기
  3) 광고   95

3. 제조 과정   98
  1) 정의   98
  2) 제조 공정   99

4. Q&A   101

    Q1. 착즙 주스(NFC)가 더 좋은 주스일까요?
    Q2. 같은 오렌지주스인데, 소비기한이 천차만별인 이유는 무엇일까요?
    Q3. 직접 만들어 먹는 주스랑 사 먹는 주스랑 차이는 무엇일까요?
    Q4. 주스별 영양소는 얼마나 포함되고 있을까요?
    Q5. 주스의 친환경 인증(유기농)이나 어린이 기호 식품 인증들의 차이점은 무엇인가요?

5. 참고 문헌   107

Part 5. 소화가 잘되는 우유가 되기까지

1. 역사   110

2. 대표 제품 및 트렌드   112
  1) 우유(시유, 가공유)   112
    (1) 대표 제품
    (2) 트렌드
    (3) 광고
  2) 발효유   121
    (1) 대표 제품
    (2) 트렌드
    (3) 광고

3. 제조 과정   127
  1) 정의   127
    (1) 유가공품
    (2) 우유류(*축산물가공품)
  2) 우유(흰 우유, 가공유) 제조 공정   128
    (1) 흰 우유
    (2) 가공유
  3) 발효유 제조 공정   129
    (1) 드링킹 요구르트(발효유)

4. 현직자와 함께하는 Q&A   131

    Q1. 우유를 꼭꼭 씹어 마시면, 소화가 더 잘되는 것일까요?
    Q2. '소화가 잘되는 우유'는 어떠한 차이가 있는 것일까요?
    Q3. 원유, 환원유의 차이, 또한 환원유를 사용하는 이유는 무엇일까요?
    Q4. 멸균 우유와 살균 우유의 차이점은 어떤 것이 존재할까요?
    Q5. 저지방 우유, 무지방 우유는 일반 우유와 어떤 영양 성분의 차이가 있을까요?
    Q6. 프로바이오틱스(Probiotics), 프리바이오틱스(Prebiotics)의 차이점은 무엇일까요?
    Q7. 가공유를 먹어도 영양소 보충이 가능할까요?
    Q8. 발효유(일반 식품), 유산균(건강기능식품)은 어떠한 차이가 있는 것일까요?
    Q9. 국내 제조와 해외 수입 우유가 관능의 차이가 나는 이유는 무엇일까요?

5. 참고문헌   137

Part 6. 아기를 살린 식물성 음료

1. 역사   140

2. 대표 제품 및 트렌드   143
    1) 1세대 식물성 음료   143
      (1) 대표 제품
      (2) 트렌드
      (3) 광고
    2) 2세대 식물성 음료   148
      (1) 대표 제품
      (2) 트렌드
      (3) 광고

3. 제조 과정   154
    1) 정의   154
      (1) 두유
      (2) 아몬드/귀리
    2) 원료   154

3) 제조 공정　　　　　　　　　　　　　　　　　　　　　156
      (1) 두유
      (2) 아몬드/귀리

4. 현직자와 함께하는 Q&A　　　　　　　　　　　　　　　158
   Q1. 식물성 음료는 모두 비건이라고 말할 수 있을까요?
   Q2. 베지밀과 두유는 어떤 차이가 있을까요?
   Q3. 두유를 많이 섭취하게 되면, 여유증(부작용)이 나타날 수 있을까요?
   Q4. 우유, 두유, 대체 우유(아몬드, 귀리)는 어떠한 차이가 존재하는 것일까요?
   Q5. 검은콩을 먹으면 검은 머리가 자라나게 될까요?
   Q6. 식물성 원료(오트 등)로 요거트를 만들 수 있을까요?
   Q7. 동물성 단백질과 식물성 단백질의 차이점이 무엇일까요?
   Q8. 식물성 음료에도 알레르기를 유발시킬 수 있는 성분이 존재할까요?

5. 참고 문헌　　　　　　　　　　　　　　　　　　　　　165

Part 7. 명절 차례상의 주인공이었던 차

1. 역사　　　　　　　　　　　　　　　　　　　　　　　168

2. 대표 제품 및 트렌드　　　　　　　　　　　　　　　　170
   1) 대표 제품　　　　　　　　　　　　　　　　　　　　170
   2) 트렌드　　　　　　　　　　　　　　　　　　　　　174
      (1) 간편하게 즐기는 잎차
      (2) 물처럼 즐기는 차
      (3) 보다 더 가볍게
   3) 광고　　　　　　　　　　　　　　　　　　　　　　176

3. 제조 과정　　　　　　　　　　　　　　　　　　　　179
   1) 정의　　　　　　　　　　　　　　　　　　　　　　179
      (1) 혼합차(곡물/액상차)
      (2) 콤부차
   2) 제조 공정　　　　　　　　　　　　　　　　　　　　180
      (1) 액상차(다류 음료)

    (2) 혼합차
    (3) 콤부차

4. 현직자와 함께하는 Q&A　　　　　　　　　　　　　　　　　　182
    Q1. 콤부차는 '차' 인가요?
    Q2. 차 음료에 기능성을 기대할 수 있을까요? (다이어트, 숙취 해소)
    Q3. 커피에 있는 카페인과 차에 있는 카페인은 다른 것일까요?
    Q4. 제품 '하늘보리'와 티백으로 끓인 '보리차'는 어떠한 차이가 있을까요?
    Q5. 임신 중에 율무차를 먹으면 안 좋을까요?
    Q6. 차 종류별로 마시기 좋은 시간대가 있나요?

5. 참고 문헌　　　　　　　　　　　　　　　　　　　　　　　　186

Part 8. 기능성 음료 약일까? 독일까?

1. 역사　　　　　　　　　　　　　　　　　　　　　　　　　　190
    1) 스포츠 음료　　　　　　　　　　　　　　　　　　　　　190
    2) 비타민 음료　　　　　　　　　　　　　　　　　　　　　191
    3) 에너지 음료　　　　　　　　　　　　　　　　　　　　　191

2. 대표 제품 및 트렌드　　　　　　　　　　　　　　　　　　192
    1) 대표 제품　　　　　　　　　　　　　　　　　　　　　　192
        (1) 스포츠 음료
        (2) 비타민 음료
        (3) 에너지 음료
    2) 트렌드　　　　　　　　　　　　　　　　　　　　　　　　197
        (1) 운동 후에 마시는 스포츠 음료
        (2) 더욱 다양해진 옵션
        (3) 물처럼 마시는 건강한 음료
        (4) 에너지가 필요한 시대
        (5) 부담감을 낮추고 가볍게
    3) 광고　　　　　　　　　　　　　　　　　　　　　　　　　200

3. 제조 과정 — 203
1) 정의 — 203
(1) 스포츠 음료
(2) 비타민 음료
(3) 에너지 음료

2) 제조 공정 — 204
(1) 스포츠 음료
(2) 비타민 음료
(3) 에너지 음료

4. 현직자와 함께하는 Q&A — 206
Q1. 비타민 음료(ex 비타500)와 비타민 영양제(ex 건기식)와의 비타민 함량은 어떻게 다른가요?
Q2. 먹는 물과 스포츠 음료의 영양적 차이점은 무엇일까요?
(영양 성분, 전해질, 비타민/미네랄 등)
Q3. 숙취 해소에 이온 음료가 도움이 될까요?
Q4. 경구 수액(전문 의약품)과 이온 음료(일반 식품)의 차이점은 무엇인가요?
Q5. 이온 음료는 pH가 산성인데 왜 알칼리성 음료로 홍보될까요?
Q6. 에너지 음료의 효능 (에너지 활성화를 해 주는 것인가요? 아니면 각성 효과만 있는 것인가요?)

5. 참고문헌 — 210

Part 9. 근테크를 이끄는 단백질 음료

1. 역사
214

2. 대표 제품 및 트렌드 — 215
1) 대표 제품 — 215
2) 트렌드 — 217
(1) 보다 더 중요해진 단백질
(2) 다양하게 즐기는 일상 단백질
3) 광고 — 220

3. 제조 과정　　　　　　　　　　　　　　　　　　　　　　　　　223
    1) 정의　　　　　　　　　　　　　　　　　　　　　　　　　　223
        (1) 단백질
    2) 제조 공정　　　　　　　　　　　　　　　　　　　　　　　　223

4. 현직자와 함께하는 Q&A　　　　　　　　　　　　　　　　　　225
    Q1. 단백질 음료의 선택, 어떠한 기준을 가지고 선택하면 좋을까요?
    Q2. 탄산음료 단백질 제품을 섭취해도, 단백질 섭취에 문제가 없을까요?
    Q3. 단백질 음료에는 플레인 제품을 찾아보기 힘든 이유는 무엇일까요?

5. 참고문헌　　　　　　　　　　　　　　　　　　　　　　　　　229

Part 10. 숙취 해소 음료를 마시면 덜 취할까?

1. 역사　　　　　　　　　　　　　　　　　　　　　　　　　　　232

2. 대표 제품 및 트렌드　　　　　　　　　　　　　　　　　　　　234
    1) 대표 제품　　　　　　　　　　　　　　　　　　　　　　　　234
    2) 트렌드　　　　　　　　　　　　　　　　　　　　　　　　　237
        (1) 비즈니스맨을 위한 해장 솔루션
        (2) 더 맛있게, 간단하게! 모두를 위한 숙취 해소
    3) 광고　　　　　　　　　　　　　　　　　　　　　　　　　　240

3. 제조 공정　　　　　　　　　　　　　　　　　　　　　　　　243
    1) 정의　　　　　　　　　　　　　　　　　　　　　　　　　　243
        (1) 숙취
        (2) 숙취 해소제
    2) 제조 과정　　　　　　　　　　　　　　　　　　　　　　　　243

4. Q&A　　　　　　　　　　　　　　　　　　　　　　　　　　244
    Q1. 숙취 원인과 숙취 해소제의 원리는 무엇인가요?
    Q2. 건강기능식품인 밀크씨슬과 헛개나무 과병 추출물과, 숙취 해소 제품과의 차이는
        무엇인가요?

    Q3. 숙취 해소에 좋은 원료들은 어떠한 것들이 있나요?
    Q4. 숙취 해소 제품들은 어떠한 검증을 거쳐 출시되는 건가요?
    Q5. 숙취 해소 음료의 양과 효과는 비례하는 것일까요?

5. 참고 문헌   247

부록1. 국내 음료 전문 제조 업체 현황   248
부록2. 음료 유형별 정의(닐슨 제공)   250
부록3. 국내 음료 매출액 현황(오프라인 기준/닐슨 제공)   251

저자 후기   252
감사의 글   258

Part 1
생수의 판매는 원래 불법이었다?

Part 1.
생수의 판매는 원래 불법이었다?

1. 역사

우리나라는 예로부터 생활용수를 하천수와 우물에서 얻어 사용하여 왔다. 인공적인 과정을 거쳐 물을 마시기 시작한 것은 1886년 부산 보수천의 물을 대나무관으로 끌어 올린 것이라고 할 수 있다. 최초의 수도 시설은 1894년, 서울에서 최초로 설치되었으며 1920년대 들어 상수도가 급속도로 전파되기 시작하였다.

대한민국에서 병입된 먹는 샘물이 등장한 것은 1976년이다. 다이아몬드 정수(現 LG 생활건강 브랜드)가 국내 최초로 먹는 샘물 제조업 허가를 받아 주한 미군과 극동 아시아 지역의 주둔 미군을 대상으로 먹는 샘물을 공급해 왔던 것이 최초였으며 점차 외국인 대상으로 판매가 확산되었다.

일반 소매 채널에서도 생수가 공식적으로 처음 판매 된 것은 1988년 서울 올림픽 때로 외국 선수들이 국내 수돗물의 안전성에 대한 불신을 염려하여 일시적으로 외국인들에게 생수 판매를 허용하였지만 올림픽이 끝난 후 곧바로 생수 판매는 금지되었다.

하지만 1994년 낙동강 페놀 사태의 발생으로 많은 국민들이 수돗물의 안전성을 우려하기 시작했고 업체들의 지속적인 소송 제기 끝에 1994년 "생수 판매 금지 조치는 국민의 깨끗한 물을 마실 권리(행복추구권)를 침해한다."라는 헌법재판소의 판결에 따라 우리나라 생수 시장의 판매가 허용되었다.

이듬해 '먹는물관리법'이 제정되었고 실질적 생수 판매가 시작되었다.

생수 판매는 꾸준히 성장하였으며 현재 국내 수많은 브랜드와 수입 생수들이 판매되고 있다. 한 해 약 1조 원에 달하는 시장 규모를 확보하였으며 최근에는 해양심층수를 비롯한 프리미엄 생수가 인기를 끌고 있으며 프랑스, 이탈리아, 일본 등의 국가에서 70여 종에 달하는 생수가 수입되고 있다.

원산지 또는 수원지에 대한 차별화를 마케팅 포인트로 다양한 브랜드들이 운용되고 있으며 최근에는 친환경적인 무라벨 전략, 생수를 활용해 커피 또는 차를 우려 마시는 마케팅 전략까지 활용되고 있다.

2. 대표 제품 및 트렌드

1) 대표 제품

업체명	제품명	사진	설명
제주 특별자치도 개발공사	제주삼다수		1988년 출시한 국내 생수 시장 1위로, 제주의 현무암 지대에서 여과된 맑고 깨끗한 물로 제주특별자치도개발공사와 농심이 출시한 뒤 현재는 광동제약에서 판매를 담당.
롯데칠성 음료	아이시스		롯데칠성음료의 생수 브랜드로 pH 8.0의 천연 약알칼리수를 소구해 수원지별로 아이시스에 다양한 설명을 붙여 운영했으나 최근 '아이시스'로 브랜드 통합.
농심	백산수		삼다수 계약 종료 후 농심에서 출시한 백두산 화산암반 용천수로 중국 내 수원지에서 생산되며 농심에서 중국을 필두로 미래 글로벌 브랜드로의 육성.

(1) 제주삼다수

1988년 출시된 제주삼다수는 25년간 국내 생수 시장 부동의 1위를 지키고 있다.

제주삼다수는 그 이름처럼 제주에서 생산되고 있다. 제주도는 화산섬이기에 현무암 지대로 이루어져 있다. 구멍이 큰 현무암을 통해 강우의 40%가 지하수가 되는데, 지하 420m 화산 암반층을 약 18년 동안 지나면서 걸러진 맑고 깨끗한 물로 단순 여과와 자외선 살균 과정만 거친 자연 그대로의 좋은 미네랄을 함유한 물이다.

타 생수 브랜드의 경우 하나의 하청 업체가 여러 브랜드에 생수를 납품하거나, 한 브랜드에서 여러 수원지를 사용하고 있어 취수원 관리가 어려운 경우가 많은 반면, 제주삼다수는 제주 한라산 단일 수원지에서만 생산하고 있어 더욱 엄격한 품질 관리를 자랑한다.

제주삼다수는 수원의 잠재적 오염을 원천 차단하고 취수원을 보호하기 위해 축구장 면적 약 100개 규모의 토지(70만㎡)를 매입, 관리 중이며, 1시간 간격으로 지하수위와 수온, 전기 전도도, pH(산성도) 등 4개 항목을 끊임없이 분석하고 관리하고 있으며, 최근에는 AI 수질 분석 시스템을 적용해 품질을 더욱 높이려 노력하고 있다.

최근에는 가정 배송 애플리케이션 '삼다수앱'을 통해 배송 등을 진행해 소비자 편리성을 강화했고, 라벨 제거, 리사이클 페트 사용과 용기 무게 감량을 통한 환경 보호에 나서고 있으며, 제주의 환경 문제 해결을 위해 제주도 내 재활용 도움 센터, 클린 하우스 등 투명 페트병 전용 수거함을 설치하는 등 환경 문제에도 다양한 노력을 기울이고 있다

(2) 아이시스

롯데칠성에서 제주삼다수보다 1년 빠른 1997년 출시되었으나, 종합 시장 점유율 2위를 달리고 있는 아이시스는 아이스(Ice)와 오아시스(Oasis)의 합성어이다.

아이시스는 '아이시스'라는 마스터 브랜드하에 수원지별로 다른 브랜드를 사용하고 있는데, 가장 대표적인 아이시스 8.0은 청주시, 청도군, 순창군, 산청군 수원지에서 제조하며, 연천에서 생산한 아이시스는 '아이시스 평화공원 산림수', 경남 산청군에서 생산한 제품은 '아이시스 지리산 산청수' 등을 사용하고 있다.

이 중 아이시스 8.0은 평균 pH 8.0의 천연 약알칼리수 먹는 샘물 브랜드로, 우리 몸의 생기 에너지를 표현한 핑크색 라벨과 풍부한 미네랄, 부드러운 목 넘김이 특징이다. 또한 엄격한 수질 관리 기준을 통해 선별해 지속적으로 관리하고 국내 최초 무라벨 생수 발매를 통해 환경을

중시하는 소비자들에게 어필하고 있다.

또한 페트병 무게 경량화, 재활용 페트병으로 만든 아이시스 8.0 ECO 제품 운영, 멸종 위기 동물 보호 캠페인 진행 등 친환경적인 이미지를 구축하기 위한 다양한 시도를 하고 있다.

최근에는 수원지에 따라 다소 복잡했던 브랜드 체계를 재정비해 '아이시스 평화공원 산림수'와 '아이시스 지리산 산청수'를 '아이시스'로 통일해, '아이시스', '아이시스 8.0', '아이시스 ECO', 아이시스 8.0 ECO'로 정리했고, 브랜드 재정비 과정에서 라벨 면적을 축소하는 등 지속적으로 소비자 인지 확대 및 친환경 브랜드로서의 입지를 굳히려 노력하고 있다.

(3) 백산수

제주삼다수를 판매하던 농심 그룹이 2012년 제주시와의 계약 종료 및 이슈로 삼다수의 판매를 중단하게 되면서 2012년 12월, 새롭게 '백산수'를 출시하여 2L, 1L, 500ml, 330ml 등의 용량을 판매하고 있다.

백산수는 단일 수원지의 백두산 화산 암반 용천수로, 중국 길림성 안도현에 위치한 내두천(奶頭泉)에서 백두산 지하 암반으로 스며든 물이 41km를 지나며 걸러진 맑고 깨끗한 물이 용출되는데, 이 물을 그대로 인근의 정수 공장에서 여과하여 병입된다. 농심에서 직접 모든 취수-생산-물류를 맡아서 진행한다.

백산수는 ESG 및 사회 공익적 활동을 위해, 무라벨 제품을 운영하기도 하며, 소아암 환아 희망 라벨 캠페인을 2018년부터 진행해 오고 있다. 앞선 삼다수, 아이시스에 비해 후발주자인 백산수는 다양한 마케팅 활동 및 광고 활동 등을 통해 빠른 속도로 소비자 인지도와 인기 끌기에 성공했고, 농심은 신라면에 이어 백산수를 글로벌 생수 브랜드로의 육성을 목표로 하고 있다.

중국 경제의 성장 및 한류 열풍 등을 등에 업고 중국 시장을 중심으로 글로벌 생수 브랜드로 육성하고자 중국 내 생산 설비를 확장하는 등 다양한 노력을 기울이고 있다.

2) 트렌드

(1) 더욱 깨끗하게, 더욱 순수하게

1994년 정부가 생수 시판을 공식 허용하면서, 생수의 편의성과 깨끗함을 강조하며 시장 규모가 빠르게 성장하였다. 1991년 낙동강 페놀(phenol)[1] 사태로 인해 물의 안정성에 대한 소비자 우려도 있었고, 얼핏 보면 다 똑같은 무색무취의 물이기 때문에 소비자 인지 제고를 위하여 물의 수원지 및 깨끗함을 강조한 제품들이 대거 출시되었다. 특히 1998년 출시된 제주개발공사의 '제주삼다수'는 청정 자연의 섬인 제주도의 화산 암반층이 필터링(filtering) 작용을 해 깨끗한 물이라는 이미지를 형성하여 빠르게 시장을 장악했고, 현재까지도 1위 브랜드로 자리를 지키고 있다. 깨끗함과 수원지는 여전히 생수 시장에서 가장 중요한 셀링 포인트(selling point)로 롯데칠성음료의 아이시스(1997년 출시), 농심의 백산수(2012년 출시), 해태htb의 강원평창수(2009년 출시) 등이 수원지와 깨끗함 등을 앞세워 주요 제품으로 시장에 판매되고 있다.

(2) 물도 프리미엄으로

2005년 먹는 물의 수질과 위생을 관리하기 위한 '먹는물관리법'이 개정되면서 물에 대한 개념도 확장되었다. 햇빛이 미치지 못하는 깊은 수심의 바닷물의 청정수인 '해양심층수'도 먹는 물의 범위에 들어가면서 해양심층수를 강조한 제품이 출시되었고, 우리 몸에 체액과 비슷한 알칼리 이온수, 산소량을 강조한 해태음료의 '마시는 산소수' 등 깨끗함 외에도 가치를 더한 프리미엄 생수 제품들이 2000년대 웰빙(well-being) 바람을 타고 대거 출시되었다.

또한 각 나라의 청정 명소를 앞세운 수입산 생수 제품들도 2000년대 중반부터 프리미엄화되어 인기를 끌었다. 특히 프랑스산 생수들이 독특한 수원지와 고급스러운 디자인을 바탕으로 수입 생수 시장을 빠르게 확대하였는데, 알프스 빙하수 '에비앙(Evian)', 화산수 '볼빅(Volvic)', 광천수 '페리에(Perrier)' 등은 일반 생수 대비 약 2~3배 비싸지만 들고 다니며 마시는 생수의 특성상 하나의 액세서리화되어 작은 사치로 소비되기도 하였다.

---

[1] 페놀(phenol): 물에 녹여 소독제·방부제 등으로 쓰는 유독성 화학 물질.

(3) 생필품인 물, 이제는 가성비 있게

　현재는 물에 대한 소비자 지불 의향이 높아지면서, 돈 주고 사서 마시는 물이 당연시되는 시대가 되었다. 때문에 소비자들은 편의점에서 물을 사서 마시는 데 거리낌이 없고, 집에 꼭 비축해 두어야 하는 물을 온라인으로 간편하게 구매하는 소비 행태를 보이고 있다. 이제는 물이 자주, 간편하게, 쟁여 두고 마셔야 하는 생필품으로 생활 속에 자리 잡으면서, 쿠팡의 '탐사수', CU의 '미네랄워터' 등 저렴한 가격으로 부담감을 낮춘 PB 브랜드 시장 점유율도 점차 확대되고 있다.

(4) 지속 가능한 세상을 위한 '물'

　이렇게 생필품으로 자주 소비되다 보니, 물이 담긴 페트병이 환경 오염을 초래한다는 인식도 확대되었다. 최근 지구 온난화의 가속과 기후 문제로 불필요한 과대 포장을 줄이고 플라스틱 대신 친환경 소재를 찾는 소비자들이 증가함에 따라 글로벌 친환경 패키지 시장이 확대되고 있고, 2020년 정부에서도 생수병의 폐기물을 줄이고자 국내 주요 생수 제조사와 '생수병 경량화 실천 협약'을 체결하기도 하였다.

　우선 업계에서 가장 많이 활용하는 방법은 '무라벨' 용기로, 롯데칠성은 2020년 무라벨 생수 '아이시스 에코'를 최초로 출시하였고, 하이트진로의 무라벨 '석수'는 개별 용기 라벨 부착 대신 병 목 부분 라벨에 바코드 및 필수 정보를 기입하는 방식으로 패키지를 리뉴얼(renewal)해 생수 개별 용기의 분리배출 편의성을 높였다.

　기존의 자재를 줄이고 없애는 방식 외에도 플라스틱의 자원 순환을 강화하는 방법을 찾아 나가는 노력도 지속되고 있는데, '제주삼다수 RE:Born' 제품은 페트병을 반복해 사용할 수 있는 장점이 있는 '화학적 재활용 페트(CR-PET)'를 적용하기도 하였다.

　이처럼 지구 환경과 소비자의 편리성, 기업의 ESG (Environment, Social, Governance) 경영 측면, 원가 절감 등 복합적인 시너지로 생수 패키지의 변화는 지속될 것으로 예상된다.

3) 광고

회사	제주 특별자치도 개발공사
제품명	삼다수
광고연도	2023
Key Copy	믿으니까 평생의 물로 삼다
모델	아이유
광고 스냅샷	
URL	

Part 1. 생수의 판매는 원래 불법이었다?

회사	롯데칠성
제품명	아이시스
광고연도	2021
Key Copy	국내 최초 라벨을 없앤 아이시스 에코
모델	N/A
광고 스냅샷	
URL	

회사	농심	
제품명	백산수	
광고연도	2023	
Key Copy	백산수의 힘이, 일상을 활기차게	
모델	박서준	
광고 스냅샷	대한민국 단 하나 백두산 용천수 / 좋은 물 백산수	
URL	SCAN ME	

Part 1. 생수의 판매는 원래 불법이었다? 29

3. 제조 과정

1) 정의

(1) 사전적 정의

상온에서 색·냄새·맛이 없는 액체로 화학적으로는 산소와 수소의 결합물이고, 천연으로는 도처에 바닷물·강물·지하수·우물물·빗물·온천수·수증기·눈·얼음 등으로 도처에 존재한다. 지구에 지각이 형성된 이래 고체·액체·기체의 세 상태로 지구 표면에서 매우 중요한 구실을 담당해 온 물은 인류를 비롯한 모든 생물의 구성 물질 중 가장 중요한 것이며, 생체(生體)의 주요한 성분이다. 예를 들면, 인체는 약 70%, 어류는 약 80%, 그 밖에 물속의 미생물은 약 95%가 물로 구성되어 있다.

이러한 물은 현대의 산업화, 도시화로 많이 오염되어 가장 가깝고도 중요한 자원임에도 이용 가치가 떨어지고 있다. 이에 물에도 등급을 매겨 수질 개선에 힘쓰고 있으며, 많은 국가 시책이 시행 중에 있다.

(2) 물과 관련된 법(환경부)

물과 관련된 법은 환경부에서 관리하고 있다. 먹는샘물등의 기준과 규격 및 표시기준 고시에 따르면 아래와 같이 물의 유통을 법적으로 관리하고 있다.

> 1. 원수 (저자 주: 먹는 샘물로 사용할 수 있는 물의 원료)
>   가. 암반대수층안의 지하수
>   나. 암반대수층안의 염분 등 총용존고형물(總溶存固形物)의 함량이 2,000㎎/L 이상인 염지하수
>   다. 지하수가 수압에 의하여 지표로 흘러나오는 용천수
>   라. 강수량의 변화, 계절 및 기온의 변동, 취수 전·후의 주변상황 변화 등 자연적·인공적인 상황변경에 불구하고 수질의 안전성, 수량의 안정성을 항상 유지할 수 있는 자연상태의 물
> 2. "원수원"이라 함은 제1호 각 목의 원수 중에서 먹는샘물 또는 먹는염지하수(이하 "먹는샘물등"이라 한다)에 사용된 것을 말한다.
> 3. "수원지"라 함은 먹는샘물등의 원수를 취수한 곳을 말한다.
> 3의2. "여과"라 함은 먹는샘물 제조업 시설기준 표준제조공정 중 원수에 포함된 이물질을 제거하거나 감소시키기 위하여 원수를 여재가 형성하는 공극 사이를 통과시키는 정수처리 공정을 말한다.

4. "유통기한"이라 함은 제품의 제조일로부터 소비자에게 판매가 허용되는 기한을 말한다.
   ① 먹는샘물등의 유통기한은 제조일로부터 6개월 이내로 한다.
   ② 제1항에 정한 기간을 초과하여 유통기한을 설정하고자 하는 자는 초과된 기간중에도 제품의 품질변화가 없다는 것을 과학적으로 입증하여 특별시장·광역시장·특별자치시장·도지사·특별자치도지사(이하 "시·도지사"라 한다)의 승인을 받아야 한다.

2) 제조 공정

먹는 물(생수)은 허가받은 취수장(국내 약 200여 개)에서만 가능한 지하수(원수)를 이용하는 것으로 지하수는 암반 지하수나 용천수로 대부분 구성되어 있다. 지하수는 1일 취수량이 제한되어 있으며, 원수를 저장하고, 여러 가지 방법으로 수차례의 여과를 거치게 된다. 회사마다 공정은 다르지만 먹는물관리법에서 규정한 여과 과정[활성탄, 모래, 세라믹, 맥반석, 규조토, 마이크로 필터, 한외 여과(Ultra Filter), 역삼투막, 이온 교환 수지]을 거친다. 참고로, 마이크로 필터는 2~3차례(최초 30마이크로에서 최대 5마이크로까지)를 거친 후 최종적으로 UV 살균을 거치게 된다. 또한, 생수를 담는 용기는 일반 살균수나 오존수, 세척제를 이용해서 세척하고 살균 처리된 생수를 충진하여 관리하게 된다. 용기 세척에 사용된 오존수나 세척제는 용기에 남아 있어서는 안 된다.

용암수와 해양심층수

용암수와 해양심층수는 먹는 물과 달리 원수를 취수한 후 특별한 여과 장치(한외 여과 장치 등)와 역삼투압(RO) 또는 전기 투석(ED)을 거쳐서 미네랄을 먼저 제거하고, 탈염 과정을 거쳐서 먹는 샘물과 같이 여과와 UV 살균을 거쳐 용기에 충진하게 된다.

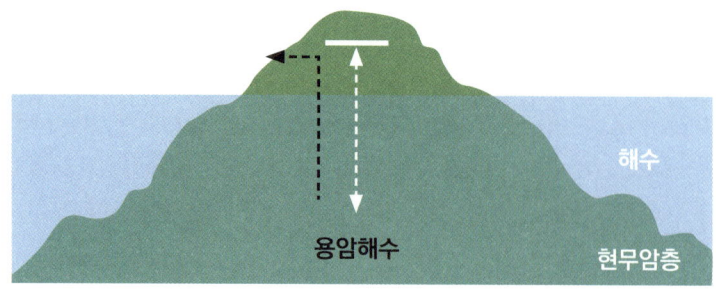

용암수의 취수원

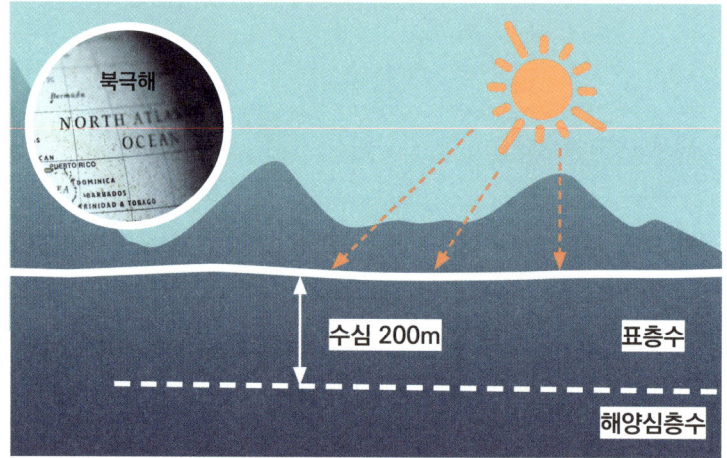

해양심층수의 취수원

 해양심층수의 경우, 수심 200m 이하의 심해에서 해수를 채취한 뒤 담수화한 작업을 거치게 된다. 참고로 용암수나 해양심층수에서 제거한 미네랄은 식수로 가능한 정도로 미네랄을 추가 투입하기 때문에 일반 생수가 아닌 '혼합 음료'로 분류되고 있다.

 먹는 물을 품질적으로 규정하는 여러 관리 포인트가 있다. 예로, 미생물 중 일반 세균의 경우에는 1ml 중 100 CFU(Colony Forming Unit)를 넘지 않아야 한다. 그 외 대장균군 음성 등 다른 기준 규격도 법규에 따라 관리되고 있다.

4. 현직자와 함께하는 Q&A

Q1. 우리가 먹는 물, 맛과 주요 성분들이 어떻게 달라지는 것인가요?

와인 맛을 평가하는 와인 소믈리에라는 직업이 있듯이, 물맛을 구분하는 워터 소믈리에가 새로운 직업으로 등장하는 시대가 왔다. 매해 벨기에에서는 세계 130개국에서 생산하는 물의 맛을 평가하는 국제식음료품평원(iTQi) 주최 '국제 식음료 품평회'도 열린다. 이 대회는 심사 후 물맛에 따라 각 제품에 1부터 3까지 미쉐린 스타와 같은 '골든 스타'를 부여한다.

그렇다면 물맛은 어떻게 달라지는 걸까. 투명한 액체인 물은 겉으로 봤을 땐 모두 같은 것처럼 보이지만, 미네랄 성분이 모두 다르다. 세부적인 미네랄 성분 함량에 따라 맛이 조금씩 차이 나는 것이다. 예를 들어 칼륨이 많이 들어 있으면 짠맛이 나고 마그네슘은 약간의 쓴맛이, 철은 녹맛이 난다고 한다.

국내외 생수 각 브랜드 생수마다 주요 성분 및 수원지는 어떻게 다른지 비교하여 살펴보자.

국내 생수 브랜드 비교				
사진				
제품명	제주삼다수	아이시스	백산수	강원평창수
생산 업체 (수원지)	제주도개발공사 (제주도)	롯데칠성음료 (충북 청원)	농심 (백두산)	해태HTB (강원도 평창)
미네랄 함유량 (mg/L)	7.2~13.6	8~33	51.5~77.5	9.4~52.8
경도(mg/L)	20	19.5~78	14.1~33.6	16.7~106.9
순수도(mg/L)	0~1 (탁월)	0~1 (탁월)	0~1 (탁월)	0~1 (탁월)
pH	7.8 (알칼리성)	8.0 (알칼리성)	7.0~7.3 (약알칼리성)	7.8 (알칼리성)

해외 생수 브랜드 비교				
제품명	에비앙	볼빅	아쿠아파나	피지워터
생산 업체 (수원지)	다논 (프랑스)	다논 (프랑스)	산 펠레그리노 (이탈리아)	피지워터 (미국)
미네랄 함유량 (mg/L)	357	130	187	210
경도(mg/L)	291	62	101.5	60~120
순수도(mg/L)	0~1 (탁월)	1~4 (매우 좋음)	4~7 (좋음)	0~1 (탁월)
pH	7.2 (중성)	7 (중성)	8.2 (알칼리성)	7.5 (약알칼리성)

물의 산성이나 알칼리성 정도를 나타내는 pH(수소이온농도지수)도 물맛에 미세한 영향을 미친다. pH 지수가 낮을수록 신맛이 미세하게 증가한다. 물에 이산화탄소가 녹은 탄산수는 물의 '구강 촉감'에 영향을 미친다. 물이 얼마나 깨끗한지 알아보는 오염도는 질산염으로 측정한다. 물이 혼탁할수록 질산염 수치가 높다.

음식을 할 때도 물의 특성마다 맛이 달라진다. 쌀을 씻을 때와 밥을 지을 때는 천연 연수를 사용해야 밥맛이 좋아진다. 경수를 사용하면 쌀의 섬유질이 단단해져 찰기가 없고 물이 부족한 고두밥처럼 된다. 한식은 국물 요리가 많아 경수는 피하는 게 좋고, 서양 음식은 스테이크 등은 중경수, 파스타는 경수를 사용하면 제맛을 느낄 수 있다.

커피를 추출할 때는 신맛을 좋아하면 칼슘량이 적은 중경수, 쓴맛을 억제하고 싶으면 칼슘량이 많은 경수를 사용하면 된다. 차를 우릴 때는 맛을 즐기는 녹차는 연수가 적합하고, 향을 즐기는 홍차나 보이차는 중경수가 적합하다. 경수는 차의 감칠맛이 잘 추출되지 않고 연수는 차의 향이 잘 추출되지 않는다. 겉보기에는 투명한 액체인 물도 산수지에 따라 주요 성분과 맛이 다른 다양한 제품들이다.

* 경도란?
칼슘과 마그네슘의 함유량을 사용하여 리터당 mg으로 측정한 것을 말하며 쉽게는 물의 세기를 나타낸다.
칼슘과 마그네슘의 기준을 정해서 그 기준보다 더 많은 양이 녹아 있으면 경수(센물), 이하면 연수(단물)로 정의한다.
통상적으로 0~17.1mg/ℓ 이면 연수, 17.1~60mg/ℓ 이면 약경수, 60~120mg/ℓ 은 중경수, 120~180mg/ℓ 이면 경수, 180mg/ℓ 이상이면 강경수로 구분된다.

Q2. 소비자들이 먹는 샘물은 살균이라는 공정을 거치게 되나요?

먹는 샘물은 법규에 정한 미생물 규격을 반드시 유지해야 한다. 지하수(원수)의 경우에는 암반 지하에서 나오는 것으로 우리 몸에 이로운 것과 해로운 것들이 모두 들어 있다. 따라서 먹는 샘물은 먹고 유통하는 과정에서 변질이 없도록 일정 수준의 미생물을 제거해야 한다. 대부분 먹는 샘물 공정에서는 UV 살균과 같은 광학적 살균과 여과 장치를 통한 물리적 방법을 통해 진행된다.

Q3. 탄산수의 효능과 우리 몸에 미치는 영향은 무엇인가요?

대부분 탄산수는 미네랄이 존재하며 탄산수의 종류에 따라 미네랄 함량의 차이가 있다. 광천수가 병입되기 전, 대수층에 존재하던 시절부터 천연가스는 이산화탄소를 포함해 다양한 기체가 함께 공존했다. 이 다양한 기체들은 물에 용해되어 많게는 수천 년부터 수십 년까지 대수층에서 기체 상태로 존재하거나, 이온 상태로 있거나 고형물로 함께 공존한다. 그렇기 때문에 대부분의 천연 탄산수는 많은 미네랄을 함유하고 있고, 탄산의 특징보다 미네랄의 특징에 따라 맛이 달라지기도 한다. 탄산은 약한 편이며, 눈으로 보면 미세한 기포가 글라스 벽면에 붙어 있을 정도로 기포 크기가 작아 탄산음료처럼 탄산을 뿜어내진 않는다.

정제수로 만든 인공 탄산수는 물리적·화학적 정수 처리한 정제수에 인공으로 합성한 이산화탄소를 주입한다. 설명한 대로 공장에서 만들어 낸 탄산수이다. 인공적으로 탄산을 주입하게 되면 pH가 낮아져 신맛을 내게 되는데, 이때 단맛을 내는 알칼리성 미네랄(칼슘, 칼륨 등), 쓴맛과 짠맛을 내는 나트륨과 염소의 함량의 구성 비율에 따라 밸런스가 달라진다. 그 외에도 중탄산염, 황산 이온, 실리카 등이 탄산수의 개성을 좌지우지한다.

따라서, 탄산수는 미네랄워터 성분이 들어 있기에 꾸준히 섭취할 경우 신체 내 미네랄 균형을 유지하는 데 도움을 준다.

🔍 변비와 다이어트, 피부 미용에 도움
- 탄산수의 이산화탄소가 입안 점막을 자극, 소화 효소가 들어 있는 침을 발생시켜 위와 장의 연동 운동을 돕고, 적당히 식욕을 자극하여 식전에 마시면 식사량 조절에 도움이 되어 다이어트에 도움을 준다.
- 탄산수로 세안을 하면 탄산이 피부에 적당한 자극을 주어서 혈액 순환을 도와 얼굴에 있는 노폐물을 제거해 주고, 근육에 탄력을 주며 각질 제거에 도움을 준다.

🔍 탄산수와 치아 부식과의 관계
우선 탄산수란 이산화탄소(CO_2)가 용해된 물을 말한다. 물에 용해된 이산화탄소는 아주 작은 기포를 만들어 낸다. 콜라처럼 당이 있는 것도 아니고, 다른 카페인 성분이나 인산염 성분도 거의 없다. 순전히 공통점은 탄산이 음료에 들어 있는 것이다. 그렇다면 탄산이 이에 안 좋은 근거들을 찾으면 된다.

pH 관점에서 보면 일반적인 천연 탄산수 같은 경우는 실제로 pH가 5~6 사이인 경우와 일반 탄산수는 비교적 낮은 pH 3~4 정도 함유되어 있어 pH 5.5 이하의 산도는 치아 가장 바깥 면인 법랑질을 녹일 수 있어, 치아 부식에 영향을 줄 수도 있다.

탄산수가 소화에 미치는 영향
적당량의 당분이 없는 탄산수는 소화 불량과 입덧으로 속이 더부룩한 임산부, 혈액 순환이 제대로 이루어지지 않는 노인 등이 마시면 효과적인 것으로 알려졌으나, 과다한 탄산수 섭취는 소화 불량을 유발시킬 수 있다. 그 이유는 탄산이 우리의 위에 들어가 팽창되면서 위가 쓰리거나 팽만감을 유발할 수 있고, 또한 장에 가스가 늘어나 역류하여 역류성 식도염을 유발해 소화 장애를 일으킬 수 있다고 한다.

Q4. 우리가 먹는 물(생수, 정수기 물) 어떤 차이가 있을까요?

2021년 환경부 실태 조사에 의하면 우리나라 국민이 가장 많이 물을 섭취하는 방법은 정수기를 통한 섭취였다. 정수기 물이 49.4%, 수돗물을 끓이거나 그대로 섭취하는 방법이 36%(보리차 등 포함), 생수 구매가 32.9% 순으로 나타났다. (중복 응답 결과) 우리가 주로 섭취하는 생수와 정수기의 차이는 아래 표와 같다.

항목	생수	정수기
구분	지하 암반수를 여과하여 살균을 거침	상수도관에서 정수기 필터를 거침
주요 공정	지하수-필터-살균-필터-충전	상수도-침전 필터-활성탄 필터-멤브레인 필터-정수 저장
장점	미네랄 성분 함유	역삼투압식(Reverse osmosis, RO) 방식의 경우 미네랄까지 걸러짐 중공사막식(Ultrafilter, UF) 방식의 경우 미네랄 함유
단점	페트병 처리 불편함	관리 및 필터 교체 불편

Q5. 물의 종류에 따라 맛이 다른 이유는 무엇일까요?

먹는 샘물은 여과 등의 방법으로 샘물을 먹는 데 적합한 방법으로 제조한 것이다. 그리고 샘물은 바위 틈이나 땅속으로 스며든 빗물이 모여 형성된 암반 대수층의 지하수 또는 용천수를 말한다. 이 과정에서 미네랄 성분이 자연스럽게 함유되어 각기 다른 물맛을 가지게 된다.

일본 후생성에서는 물맛에 영향을 주는 조건을 아래와 같이 선정한 사례가 있다.
- 미네랄: 칼슘, 마그네슘(쓴맛), 나트륨, 칼륨(짠맛), 규산(좋은 맛) 등의 광물질이 많을 때 떫고, 쓰고, 짠맛을 느낌
- 유리 탄산: 탄산 가스는 청량감을 줌
- 수온: 8~15℃에서 청량감을 줌

일본 오사카대학교의 하시모토 교수에 따르면, 물맛을 좋게 하는 인자로 칼슘(Ca), 칼륨(K), 규산(SiO_2)이 있으며, 물맛을 나쁘게 하는 인자로는 마그네슘(Mg), 황산(SO_4^{2-})을 선정하였다. 그리고 O Index = (Ca+K+SiO_2) / (Mg+SO2- 4)를 제시하며, 이 O Index값이 2 이상일 때 맛있는 물이라고 정의하고 있다.

Q6. 물은 유통기한이 어떻게 되나요?

먹는 물도 유통 과정을 거쳐서 소비자에게 섭취하게 되므로 관련 법규(먹는물관리법, 환경부)에 따라 반드시 유통기한을 설정하고 표기해야 한다. 먹는 물로 승인된 제품은 최초 유통기한 6개월로 설정된다. 이후 유통기한을 연장하기 위해서는 관련 서류와 샘플을 근거로 평가를 거쳐 시장, 도지사 등이 승인하게 된다. 승인된 이후에는 해당 기간만큼 연장하여 표기하게 된다. 승인을 위해서는 완제품으로 포장된 먹는 물을 상온(15~25℃)에서 해당 기간만큼 실제 검사하여 문제가 없다고 판단되는 경우에만 승인된다.

5. 참고 문헌

1) 법제처, 먹는물관리법 및 시행령, 시행규칙, 기준고시.
2) 대한민국 정책브리핑, 대한민국 산업의 미래, 해양심층수, 2017.
   https://www.korea.kr/news/visualNewsView.do?newsId=148829954
3) 오리온 제주용암수 - 용암수 소개 자료.
   https://www.orionjejuyongamsoo.com/desc
4) 이영민 외 1명, 물이 바뀌면 음식 맛도 달라진다. 머니투데이, 2020.
   https://news.mt.co.kr/mtview.php?no=2020100321065387153
5) 생활법령정보, 찾기 쉬운 생활법령 정보, 생수를 보통 한꺼번에 구매하는데, 생수에도 유통기한이 있나요?, 2023.
   https://www.easylaw.go.kr/CSP/EasyLawInfoR.laf?csmSeq=1455&easySeq=1586&search_put=
6) 한희준 외 1명, 청량해서 벌컥? 탄산수, 물처럼 마시면 안되는 이유, 헬스조선뉴스, 2018.
   https://health.chosun.com/site/data/html_dir/2018/08/14/2018081401572.html
7) 한국탄산협회, 2016 가공식품 세분시장 현황, 탄산수 시장, 2016.
8) 김하늘, 소믈리에 타임즈, 김하늘의 소믈리에, 2016.
9) 박현구 외 5명, 경기북부지역 약수터의 물 맛 평가에 관한 조사연구, 경기도보건환경연구원, 2006.
10) 이성호 외 6명, 국내 시판샘물의 수질특성에 관한 연구, Journal of Korean Society of Environmental Engineers, 2002.
11) 환경부 금강유역환경청, 정보마당, 사이버 환경 교실, 물.
    https://www.me.go.kr/gg/web/index.do?menuId=2267
12) 환경부(토양지하수과), 먹는샘물등의 기준과 규격 및 표시기준 고시(환경부고시 제2020-80호), 2020.
13) 롯데칠성음료 - 브랜드, 제품 등 관련 내용 및 이미지.
    https://company.lottechilsung.co.kr/
14) 고재윤, 물애호가와 워터소믈리에를 위한 워터커뮤니케이션. 2014.

Part 2
세종대왕님도 즐겨 마신 탄산음료

Part 2.
세종대왕님도 즐겨 마신 탄산음료

1. 역사 및 분류

1) 역사

인류가 탄산음료를 발견하게 된 것은 로마 시대였다. 자연적으로 솟아 나오는 탄산 가스가 함유된 광천수를 목욕용으로 이용하였으며 그 후 음용하기에까지 이르렀다. 천연 광천수에 대한 연구는 16세기 초 스위스에서 시작되었으며 인공적으로 천연 광천수와 유사한 물을 만들기 위한 연구가 전개되어 소다수가 태어나게 되었다. 소다수는 식욕 증진에 효과가 있으며 소화 불량, 결석, 두통 등에 효과가 있다는 것이 알려져 18세기 말에는 중탄산 소다를 넣어 제조하여 의약품으로 판매되기도 하였다.

한국에서 탄산수, 탄산음료의 역사는 생각보다 오래되었다. 오색약수, 달기약수, 방동약수 등 유명한 약수터들은 보통 탄산 가스를 함유한 광천수, 즉 탄산음료라고 볼 수 있다. 이 중 가장 유명한 탄산수/탄산음료는 충북 청주시에 위치한 초정 약수이다.

청주시 소재의 초정원탕

신증동국여지승람(新增東國輿地勝覽)의 청주목 산천조 부분에 따르면 "초수(椒水)는 청주의 동쪽 39리에 있으며, 그 맛이 후추와 같이 이 물에 목욕을 하면 몸의 병이 낫는다. 세종임금과 세조임금께서도 이곳을 다녀가신 적이 있다."라는 기록이 있다. 이 문헌에 나오는 초수의 초는 알싸한 맛에 향신료로 쓰이는 산초나무(椒)자이다. 곧 초수는 산초처럼 따끔따끔 쏘는 알싸한 맛의 물이라는 의미이다. 초정약수와 관련된 가장 유명한 인물은 세종대왕이다. 세종대왕은 한글 창제와 정무에 시달려 눈병을 심하게 앓았다고 하는데 초정약수가 효험이 있다는 소문을 듣고 세종 26년(1444년)에 직접 초정으로 행차하였다. 초정약수의 짜릿한 탄산감에 반한 세종대왕은 음용은 물론 목욕과 함께 물에 눈을 담가 눈병을 치료했다고 하는데, 그 효과가 좋았던 모양인지 같은 해에 2차 행차를 나섰고 안질을 치료하여 마침내 한글을 완성할 수 있었다고 한다. 이렇게 유명해진 초정약수터는 이후로도 많은 사랑을 받았고 일제 강점기에도 동양의 신비한 물로 널리 알려져 청량음료수 제조를 위한 신식 기계 설비가 들어섰다고 하니 한국 최초의 탄산음료 공장이었다고 할 수도 있을 것이다.

2) 분류

탄산음료는 일반적으로 사이다, 콜라, 착향 탄산음료, 과즙 탄산음료, 기타 탄산음료로 분류된다. 기타 탄산음료는 유성 탄산음료와 보리 탄산음료 등이 있다.

탄산음료의 분류와 정의

분류	정의	제품 예
콜라	콜라 원액에 기타 식품 및 식품 첨가물 등을 혼합하여 제조된 탄산음료	코카콜라(코카콜라음료) 펩시(롯데칠성음료)
사이다	투명하고 레몬라임향이 나는 탄산음료	칠성사이다(롯데칠성음료)
착향 탄산음료	향이 첨가된 탄산음료	환타(코카콜라음료) 마운틴듀(롯데칠성음료) 써니텐(해태htb)
과즙 탄산음료	과즙이 첨가된 탄산음료	오랑지나(롯데칠성음료) 웰치스(농심) 데미소다(동아오츠카)
유성 탄산음료	탈지분유를 첨가한 탄산음료	밀키스(롯데칠성음료) 크리미(해태htb)
보리 탄산음료	국내 최초 보리를 이용한 탄산음료	맥콜(일화)

2. 대표 제품 및 트렌드

1) 대표 제품

업체명	제품명	사진	설명
코카콜라 음료	코카콜라		탄산음료의 대명사 코카콜라, 전 세계적으로 탄산음료를 대표하고 있으며, 오리지널을 필두로 제로 및 라이트, 레몬 및 해외에서는 바닐라 등 다양한 라인업을 선보이고 있음.
롯데칠성음료	칠성사이다		1973년 역사의 우리나라 대표 탄산음료로, 코카콜라사의 스프라이트와는 또 다른 깔끔한 맛으로 소비자들의 사랑을 받고 있으며 제로 및 다양한 브랜드와의 콜라보를 선보이고 있음.
롯데칠성음료	펩시콜라		코카콜라와의 영원한 경쟁 브랜드로, 다양한 마케팅 전략을 펼치고 있으며 최근 제로 플레이버 시장에서 코카콜라를 앞지르는 성과를 나타냈음.
일화	맥콜		1982년 출시된 국내 최초의 보리 탄산음료로 천연탄산천인 초정리 광천수로 만들어진 것으로 유명함. 최근 다양한 콜라보와 마케팅 활동으로 주목을 끌고 있음.

(1) 코카콜라

1886년 약제사 존 펨버튼(John Pemberton)이 코카잎 추출물, 콜라나무 열매 그리고 시럽 등을 혼합해 두뇌 강장제로 개발하였다. 코카콜라의 시초인 이 시럽으로 소다수 음료수를 개발해 약국에서 1잔당 5센트에 판매하였고 첫 해 총수입은 50달러에 불과했으나, 사업가인 아사 캔들러(Asa Griggs Candler)의 눈에 띄어 오늘날 탄산음료의 대명사이자 미국 문화를 상징하게 되었다.

아사 캔들러가 코카-콜라 컴퍼니(The Coca-Cola Company)를 설립한 이후 다양한 홍보 활동 및 프로모션을 진행했고, 어느새 수요가 공급 한계를 넘어서고 있어 '보틀링(Bottling) 시스템'을 고안했다. 이 시스템은 지역별로 보틀러(병 제조업자)와의 계약을 통해 해당 보틀러(Bottler)가 코카-콜라 컴퍼니로부터 납품받은 원액을 자신들이 제조한 병에 넣어 판매할 수 있는 독점권을 부여하는 것으로, 지역별로 설립된 원액 제조 공장과 더불어 많은 지역의 보틀러들이 합류하면서 오늘날 코카콜라의 보틀링 비즈니스 시스템의 시초가 완성되었다.

또한 인기를 끌기 시작하면서 다양한 모조품들이 시장에 등장하자, 1915년 루트 유리회사(The Root Glass Company)의 디자이너 알렉산더 사무엘슨(Alexander Samuelsson)과 얼 딘(Earl R. Dean)이 공동으로 디자인한 코카콜라 컨투어 병(The Contour Coca-Cola bottle)은 1915년 특허권이 등록되어 1916년부터 사용되었고, 1919년부터 생산되는 모든 코카콜라를 단일한 병으로 통일해 유통시키며, 특유의 병 디자인은 트레이드마크이자 상징으로서 공식적인 보호를 받고 있고 지금까지도 꾸준히 모던한 스타일로 변화하고 있다. 또한 이 컨투어병은 팝 아티스트 앤디 워홀, 세계적인 패션 디자이너 칼 라거펠트 등에 의해 끊임없이 예술품으로 재탄생되고 있다.

1940년대부터 1960년대까지 유럽과 남태평양 등에 64개의 보틀링 공장을 추가로 건설할 정도로 세계 시장에서의 수요는 점점 늘어났고, 우리나라에서는 1950년 6.25 전쟁 때 보급된 코카콜라의 물량 일부가 시장에 들어오면서 국내 시장에 등장하기 시작했다.

이후 1968년 한양식품을 시작으로 우성식품, 호남식품, 범양식품, 두산식품 등이 지역별 라이선스(보틀링) 업체로 코카콜라를 생산하기 시작했고, 1974년 원액 생산을 담당하는 한국 코카콜라 유한회사가 설립되었다. 1997년 OB맥주(두산), 우성식품, 호남식품, 서라벌식품 음료 사업 부문을 합병하여 현지 법인인 한국코카콜라보틀링(주)을 설립하면서 직영으로 전환하였고, 2007년 LG생활건강에 인수되어 2008년 3월 1일 코카콜라음료로 상호를 변경했다.

최근에는 다양한 음료의 제로 버전을 출시하며 기존의 스포츠 경기 협찬 뿐 아니라 다양한 아티스트들과의 협업 등을 통해 끊임없이 브랜드 코어를 강화하며 다양한 마케팅을 펼치는 등 탄산음료 업계 1위를 굳건히 지키고 있다.

(2) 칠성사이다

　미국에는 코카콜라가 있다면, 우리나라에는 올해로 발매 73주년을 맞이한 롯데칠성음료의 '칠성사이다'가 있다. 전체 사이다 시장에서 60% 중반에 달하는 점유율로 독보적인 위치를 차지하고 있고, 단일 브랜드로서 약 4,000억 원의 매출을 기록하고 있는 '칠성사이다'는 6.25 전쟁이 발발하기 직전인 1950년 5월 9일 처음 출시되었다.

　7명의 주주가 세운 '동방청량음료합명회사'의 첫 작품으로, 7명의 주주 각자의 성이 모두 다르다는 점에서 착안한 '칠성(七姓)'이라는 이름을 사용하려 했으나, 회사의 번영을 다짐하는 의미에서 별 성(星) 자를 넣어 '칠성(七星)사이다'가 되었다.

　이후 한미식품공업(1967년), 칠성한미음료주식회사(1973)를 거쳐 현재의 롯데칠성음료까지 사명은 여러 번 변경되었지만 그 정체성은 계속되어 오고 있다.

　칠성사이다는 우수한 물 처리 시설로 물을 순수하게 정제한 다음, 레몬과 라임에서 추출한 천연 향만을 적절히 배합하고 인공 색소를 사용하지 않는 제품으로, 73년 동안 소비자들이 그 맛에 너무나 익숙해져 경쟁사들이 경쟁사의 시장 침투를 어렵게 하고 있으며 '사이다 맛=칠성사이다 맛'이라는 소비자 인식으로 73년 동안 부동의 1위 자리를 지키고 있다.

　또한 칠성사이다는 1980년 후반부터 무색소, 무인공 향료에서 착안해, 백두산 시리즈, 송사리 편 등을 통해 맑고 깨끗한 이미지를 끊임없이 전달하고 있으며 소비자 트렌드에 발맞춘 '칠성사이다 제로'를 출시해 출시 약 9개월 만에 1억 캔을 돌파했고, 다양한 카테고리와의 콜라보(칠성사이다×국순당 등), BTS와의 콜라보 등을 통해 소비자에게 끊임없이 새로운 이미지를 전달하고 있다.

　맑고 깨끗한 이미지에 걸맞게 저탄소 제품 인증 획득 및 국립공원 자연 보호 활동 후원, 임직원과 함께하는 환경 정화 행사 등 환경에 대한 꾸준한 관심과 후원을 펼치고 있다.

　글로벌 음료 업체의 활동이 활발한 탄산음료 시장에서 우리나라 대표 탄산음료로 앞으로의 칠성사이다의 활약이 기대된다.

(3) 펩시콜라

코카콜라의 초대 라이벌인 펩시콜라(Pepsi)는 코카콜라 출시 8년, 약사 케일럽 브래덤(Caleb Bradham)에 의해 만들어졌고 소화 효소인 펩신(Pepsin)으로부터 유래한 이름으로 판매되었다. 실질적으로는 펩신 성분이 전혀 포함되지 않았지만 마시면 소화에 도움이 된다며 의약품으로 분류해 약국에서 판매되기 시작했고, 1903년에는 'Pepsi-Cola'를 상표 등록하면서 정식 브랜드가 되었다.

펩시콜라는 당시 업계 1위였던 코카콜라를 앞지르기 위해 저렴한 제품 가격을 내세우며 매출을 늘려 나갔고, 같은 콜라지만 저렴한 펩시에 소비자들은 점점 지갑을 열어 미국에 공장을 25개나 지을 정도로 성공적으로 운영되었다. 하지만 1914년 1차 세계 대전 영향으로 설탕 값이 무려 10배 가까이 폭등하면서, 콜라의 주요 재료인 설탕을 엄청나게 사들였다가 1차 세계 대전 종료 후 설탕 값이 폭락하며 1923년 파산 신청을 하는 지경까지 가게 되었다.

1931년 로프트 캔디(Loft, Inc.)의 찰스 커스(Charles Guth)에게 펩시콜라가 넘어갔고, 그는 미국 경제 대공황이었던 당시 코카콜라가 6온스 병을 5센트에 판매하는 것을 보고, 펩시를 12온스 병에 담아 같은 5센트에 판매하기 시작했다. 또한 미국 5센트짜리 동전을 부르는 니클(Nickel)을 강조해 코카콜라에 비해 양이 두 배나 많다는 것을 어필하는 니클송을 CM송으로 만들어 대대적인 광고를 진행했는데, 이 니클송은 주크박스에 100만 장 이상 플레이될 정도로 엄청난 인기를 끌었으며 펩시의 매출이 11배나 올라 코카콜라의 뒤를 바짝 따라잡았다.

1975년 시민들을 대상으로 펩시콜라와 코카콜라를 놓고 블라인드 테스트를 해 어떤 것이 더 맛있는지 선택하는 '펩시 챌린지'를 시작해 52:48로 펩시가 더 맛있다는 결과로 성공적으로 마무리되어 펩시 챌린지 내용을 담은 광고까지 나와 펩시의 점유율이 이전보다 8%나 성장해 성공적인 마케팅 사례로 꼽히고 있다.

이런 다양한 마케팅 활동 및 노력으로 100년간 코카콜라를 이기려 했으나 역부족이었던 펩시코(PepsiCo.)는 트로피카나, 게토레이를 보유한 퀘이커오츠(Quaker Oats Company)를 인수해 매출로 코카콜라를 따라잡게 되었다.

우리나라에서는 칠성사이다를 생산하던 동방청량음료와 합작한 1967년 '한미식품공업'을 세워 처음 진출했고, 칠성한미음료가 롯데제과에 인수된 후 진로로 넘어갔다가 1975년 철수해 이듬해 롯데칠성음료와 제휴해 재진출하였으며, 현재는 1993년 세워진 현지 법인인 '한국 펩시콜라'가 원액을 공급 중에 있다.

최근 펩시는 100년간의 경쟁에도 이기지 못했던 코카콜라와의 경쟁에서 이겼는데, 건강을 고려하는 소비자들이 늘어남에 따라 제로 음료가 선풍적 인기를 끌면서 '펩시 제로슈거 라임'이 2022년 제로 탄산 시장 점유율 50%대에 올라 40%대에 이르던 코카콜라 제로를 이긴 사건이었다. 펩시 제로 슈거는 대체당에서 기인하는 느끼한 맛을 라임향으로 마스킹(masking)한 뛰어난 밸런스를 갖춰 코카콜라를 이기고야 말았다.

제로콜라를 필두로 오히려 1위였던 코카콜라가 제로레몬을 출시하기에 이른 현재 탄산음료 시장에서 앞으로 펩시가 어떤 행보를 보여 줄지 기대된다.

2) 트렌드

탄산음료는 RTD(Ready to Drink) 음료 시장 내에서 커피음료 다음으로 2번째로 규모가 큰 카테고리이며, 음료의 대표 이미지로 오랜 시간 사랑받고 있는 카테고리이기도 하다. 서양문화 도입과 동시에 20세기 초반부터 시장에 소개되기 시작한 탄산음료는 역사보다는 큰 트렌드를 중심으로 살펴보고자 한다.

(1) 치킨에는 콜라, 삶은 달걀에는 사이다

지금도 탄산음료 시장을 양분하고 있는 콜라와 사이다는 탄산음료 전체 시장의 약 70% 이상을 차지하고 있다. 1968년부터 정식으로 생산, 판매되기 시작한 코카콜라음료의 '코카-콜라', 롯데칠성의 '칠성사이다'는 탄산음료의 대표 제품이며, 펩시코의 '펩시콜라', 코카콜라음료의 '스프라이트'도 꾸준히 사랑받고 있는 제품이다. 한국인이 정말 사랑하는 이 두 탄산음료는 1990년대 말 IMF, 전 국민이 허리띠를 졸라매던 시기, 글로벌 브랜드가 아닌 차별화되거나 혹은 로컬화된 브랜드로 출시되기도 하였다. 범양식품의 '콜라독립815', 해태음료의 배향을 강조한 '축배사이다' 등 애국심 마케팅 트렌드와 맞물려 시장에 판매되기도 하였다.

(2) 상큼하게 톡! 터지는 과일의 맛

오렌지, 파인애플 등 비교적 비쌌던 수입 과일의 향을 탄산수에 입힌 과일 맛의 탄산음료들이 1970년대에 인기를 끌었다. 1968년 한국 코카콜라의 '환타'는 이미 국내에서 크게 시장을 이루고 있는 콜라, 사이다 카테고리에서 벗어나 차별화된 맛으로 시장에 들어오면서 시트러스 향(Citrus flavor) 탄산음료 시장을 열었다. 과즙이나 퓨레를 넣는 주스 대비 가격은 저렴하면서, 보관성은 뛰어나고 특유의 청량감으로 착향 탄산음료가 인기를 끌었는데, 1971년 출시된 동아오츠카의 '오란씨'는 파인애플이라는 이국적인 과일 맛으로 차별화하였다.

기존 음료들이 과일 맛으로 향을 구현했다면, 1975년 출시된 해태htb의 '써니텐'은 과즙을 넣어 구현해 과일 알갱이가 보이는 콘셉트로 차별화하였다. 이후 과일 맛 음료들은 복숭아, 포도 등 다양한 과즙을 넣은 탄산음료로 시장이 확대되었는데, 1993년 동아오츠카는 저탄산 과일 탄산음료인 '데미소다'를 출시하여 저탄산 과즙 음료 시장이 형성되기도 하였다. 2010년대에는 해태htb의 '썬키스트 스파클링 자몽소다'(2015년 출시) 등과 같이 자몽, 샤인머스켓, 블루레몬에이드 등 새로운 맛의 프리미엄 과일 맛의 탄산음료가 큰 인기를 끌었다.

(3) 활기찬 시대, 새로운 목 넘김이 필요할 때

1980년대 들어 국내에 냉장고 보급률도 높아지고, 1988년 서울 올림픽 등 국내 시장이 활성화되면서 탄산음료의 소비층도 넓어졌다. 콜라, 사이다 그리고 과일 맛 탄산으로 한동안 시장이 형성되고 업체들도 유사한 콘셉트로 제품들을 출시하면서 소비자들에게도 새로움(Newness)이 필요했다. 1982년 건강 음료 콘셉트로 보리를 주원료로 하여 출시한 일화의 '맥콜'은 젊은 세대들의 새로운 탄산음료로 리포지셔닝(Repositioning)하여 보리탄산의 시장을 열었다. 한국 코카콜라의 '암바사'(1984년 출시), 롯데칠성음료의 '밀키스'(1989년 출시) 등 유성 탄산 제품들은 우유를 첨가하여 부드러운 목 넘김으로 톡 쏘는 탄산 시장에 새로운 음용감을 소비자들에게 선사했고, 최근에는 유산균을 더한 제품이 출시되는 등 유성 탄산은 꾸준하게 상당한 시장 규모를 확보하고 있다.

(4) 탄산, 주연이 되다

콜라, 사이다에서 시작해 유성 탄산까지. 긴 시간 동안 탄산음료는 주된 원재료의 특유의 맛으로 시장을 확장해 나갔으나, '탄산'이 주는 특유의 톡 쏘는 음용감에 주목한 '탄산수' 시장이 2000년대 중반부터 형성되기 시작하였다. 이전부터 해외에서는 탄산수가 물처럼 일상적으로 소비되었고, 국내에서도 이탈리아의 산펠레그리노(Sanpellegrino), 프랑스의 페리에(Perrier) 등 수입 브랜드 위주로 판매되긴 하였지만 크게 주목받지는 못했었다. 탄산수는 2000년대 후반부터 2030 여성들 사이에서 점차 확대되기 시작하였는데, 일반적인 탄산음료 대비 칼로리가 낮아 체중 관리에도 도움이 되고, 프리미엄 워터 등이 인기를 끌기 시작하면서 고급스럽고 이국적인 패키지로 시선을 끌었기 때문이다. 또한 홈 카페 문화가 점차 확대되며 과일청과 섞어 먹는 등 에이드처럼 즐기기 좋은 제품으로 인기를 끌면서, 롯데칠성의 '트레비'(2007년 출시), 한국코카콜라의 '씨그램'(2014년 출시) 등 본격적으로 탄산수 시장이 확대되었다. 일반적으로 탄산이 들어간 무색무취의 탄산수는 탄산수로 분류되고, 라임, 레몬 등 향이 가미된 탄산수는 탄산음료로 분류되고 있다.

이와 더불어 '토닉워터'도 제품을 재창조해 소비하는 모디슈머(modisumer) 트렌드 아래 양주, 소주 등 주류와 섞어 마시는 하이볼 등의 주류 문화가 인기를 끌면서 시장이 급격하게 성장하였다. 하이트진로의 '토닉워터'(1976년 출시)는 시장의 약 70%를 차지하고 있는데, 2019년까지만 해도 약 190억 원에 불과하던 토닉워터 시장이 2022년 약 500억 원 규모로 급속하게 성장하였다. 이렇게 탄산은 하나의 소재로만 활용되었다면, 이제는 탄산이 주는 음용감이 주체가 되어 다양하게 페어링(pairing)되고 있다.

(5) 더하거나 빼거나

2010년대 들어 액상 과당에 대한 소비자 우려가 커지면서 탄산음료에 대한 소비자 부정 인식이 높아졌고, 이에 따라 음료 제조사들은 새로운 기회를 발굴하기 위하여 에너지 음료, 단백질 음료 등 기능성 혹은 특성화된 음료로 확대해 나갔다.

최근 가장 괄목할 만한 탄산음료 트렌드는 '제로'이다. 아스파탐 등 인공 감미료를 활용해 당과 칼로리를 줄인 '제로 슈거', '제로 칼로리' 탄산음료 제품들이 무섭게 시장을 확대해 나가고 있다. 코카콜라음료의 '코카콜라 제로'(2006년 출시), '스프라이트 제로'(2021년 출시), 롯데칠성음료의 '칠성사이다 제로'(2021년 출시), '펩시 제로슈거'(2021년 출시), '탐스제로'(2022년 출시), 동아오츠카의 '나랑드 사이다 제로'(2010년 출시) 등 부담 없이 즐길 수 있는 탄산음료 제품들이 인기를 끌면서 2016년 903억 원이던 제로 칼로리 탄산음료 시장이 2016년 대비 2021년 기준 약 2배 이상 확대되면서 헬시플레저(healthy pleasure) 열풍을 이어 나가고 있다.

3) 광고

회사	롯데칠성
제품명	칠성사이다
광고연도	2012
Key Copy	대한민국의 맑고 깨끗함을 찾아서
모델	엄태웅
광고 스냅샷	
URL	

회사	코카콜라
제품명	코카콜라
광고연도	2020
Key Copy	짜릿함을 채우는 순간
모델	박보검
광고 스냅샷	
URL	

52 마시다

회사	롯데칠성
제품명	밀키스
광고연도	2023
Key Copy	떴다! 밀키스
모델	N/A
광고 스냅샷	
URL	

Part 2. 세종대왕님도 즐겨 마신 탄산음료

3. 제조 과정

1) 정의

탄산음료	먹는 물에 식품 또는 식품 첨가물과 탄산 가스를 혼합한 것이거나 탄산수에 식품 또는 식품 첨가물을 가한 것을 말한다.
탄산수	천연적으로 탄산 가스를 함유하고 있는 물이거나 먹는 물에 탄산 가스를 가한 것을 말한다.

식품 공전에 따르면 탄산음료류는 탄산 가스를 함유한 탄산음료, 탄산수를 말한다.

2) 제조 공정

탄산음료의 제조 방법은 당류, 산미료, 향료 및 첨가물을 용해하여 시럽을 만들고, 이 만들어진 시럽과 처리수를 일정한 비율로 혼합하고 냉각한 후 탄산 가스를 주입하는 공정을 거쳐 용기에 담아 밀봉하는 과정으로 이루어지며, 간단히 도식화하면 아래와 같다.

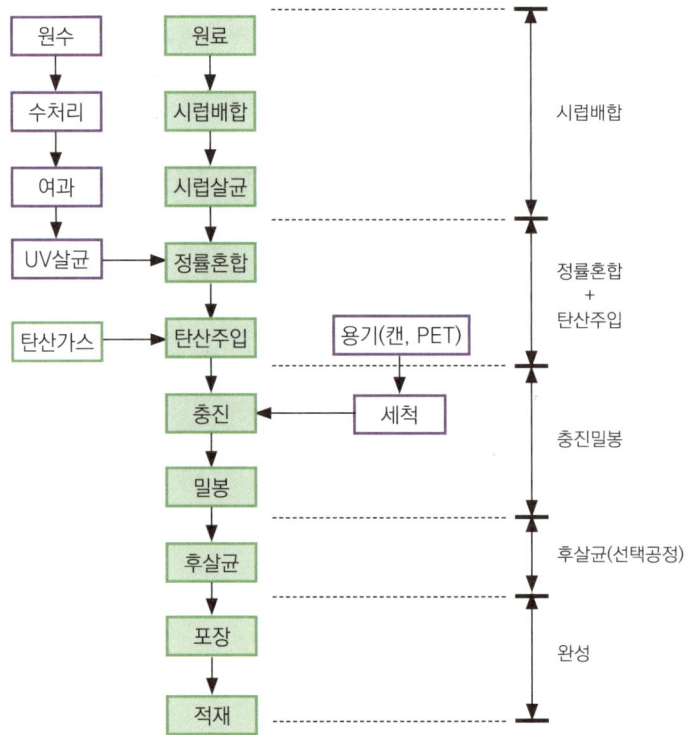

(1) 시럽 배합

시럽은 농축된 상태의 음료 베이스를 일컫는 단어로서, 희석하여 탄산을 주입하기 전 상태의 농축된 배합액을 의미한다. 이렇게 하는 이유는 처리수까지 모두 넣어 배합한 후 탄산을 주입하는 것보다 훨씬 효율적으로 생산할 수 있기 때문이다.

우선, 원료가 되는 당류, 산미료(구연산 등), pH조정을 위한 첨가물(구연산나트륨 등), 색소 및 향료 등을 혼합하고 교반을 통해 이들 원료가 충분히 용해될 수 있도록 한다. 또한, 이 시럽 배합에는 과즙이 사용되는 경우도 있으며 이때엔 투명한 패키지 특성을 고려하여 주로 효소 처리한 청징과즙을 사용하기도 한다.

이렇게 완성된 시럽 배합은 가열 살균 처리 후 다음 공정으로 진행된다.

(2) 정률 혼합 및 탄산 주입

정률 혼합은 농축된 시럽 배합액과 처리수를 일정 비율로 섞어 주는 것을 의미하며, 특수하게 설계된 전용 설비를 사용하여 연속적으로 이루어지고 이 과정을 거치면 탄산이 없는 제품 형태의 시럽에서 탄산을 주입하면 완성된 내용물이 된다.

이때 사용되는 탄산 가스는 액화시켜 탱크에 담긴 액체 탄산 가스를 사용하며, 효율적인 탄산 주입을 위해서는 정율 혼합액의 냉각 온도, 표면적, 탄산 가스 압력 등의 조건들을 맞추어야만 한다.

(3) 충진 및 밀봉

탄산 주입이 끝난 내용물은 충진기(Filler)로 이송되어 캔, 병 또는 PET병에 충진된 후 곧바로 밀봉된다. 밀봉이 끝난 제품은 더 이상 탄산이 소실되지 않는 상태로 유통되고 소비자의 손에 전달될 수 있는 완제품이 된다.

※ 탄산 가스(GV, Gas Volume) 주입

탄산음료에서의 탄산 가스 함유량 또는 압력은 Gas volume이라는 단위로 측정되고 관리된다. Gas volume의 정의는 15.5℃에서 1L의 순수에 포화될 수 있는 탄산 가스의 양을 1 gas volume이라고 한다. 이는 탄산 가스 주입량을 측정하여 관능미에 있어서 바람직한 탄소 농도에 부합하는지 여부를 알기 위해 측정하며, 이를 측정하기 위한 gas volume 측정기가 별도로 존재한다.

 탄산음료는 2.7~4.0으로 관리되고 있으며, GV가 높을수록 고탄산 제품이다. (후살균을 진행하는 제품은 2.5~2.7로 관리된다.)

(4) 후살균(선택적 공정)

 원료 중 과즙이나 분유 등 천연물이 혼합된 경우에는 밀봉된 상태로 후살균 공정을 거치게 되는데(보통 살균이라 함은 용기에 담기 전에 이루어지기 때문에 용기에 담고 밀봉 후에 하는 살균을 후살균이라고 칭함), 가열 시 탄산 가스의 팽창으로 용기가 파열될 수 있기 때문에 후살균이 필요한 탄산음료의 탄산 가스압은 그렇지 않은 제품에 비해 낮으며 콜라나 사이다처럼 높은 탄산압의 제품으로 만들기가 어렵다.

4. Q&A

Q1. 탄산음료별 용량이 달라 보이는 이유는 무엇인가요?

음료 제품은 법적으로 중량이 아닌 용량, 즉 부피 단위로 표시하고 관리하게 되어 있다. 따라서, 중량(무게)이 다르더라도 용량(부피)은 동일하다. 제품별로 용량이 달라 보이는 것은 용기의 형태가 다르기 때문에 내용물의 높이가 달라서 생기는 현상일 뿐 용량은 표시된 용량과 같다.
가끔 생산 공정이 불안정한 경우 과충전(기준보다 많이 담김)되는 경우가 있긴 하지만 흔한 경우는 아니다. 반대로 적게 담기는 경우에는 자동 선별기가 선별해 내기 때문에 소비자에게 유통되는 경우는 없다. 만약 PET병의 경우 유통이나 보관 중 내용물의 높이가 낮은 제품이 발견되면 내용물이 새었을 가능성도 있으니, 그런 경우에는 구입하지 않거나 구입하였다면 소비자 상담을 통해 교환 또는 보상받을 수 있다.

Q2. 탄산음료는 치아에 안전한가요?

탄산음료는 섭취 시 구강 내 환경을 변화시켜 치아우식 및 부식을 유발할 수 있다.
(치아우식: 치면 세균막을 형성하고 있는 우식 유발성 세균에 의하여 생성되는 유기산에 의해 치아 경조직 중 칼슘과 인 성분이 용해되어 생기는 현상으로 발생, 치아부식: 구강 내 미생물과 관계없이 화학적 용해를 통하여 치아의 경조직 손상)
탄산음료 안에는 탄산(Carbonic acid), 인산(phosphoric acid), 카르복실산 등의 산 화합물이 있다. 1차적으로 카르복실산과 같은 유기산은 치아의 경조직에 직접 결합하여 수산화 인회석의 칼슘 및 인을 용해시키는 작용을 한다. 2차적으로 음료에 함유된 당 성분이 구강 내 세균 발효에 의해 유기산을 추가로 생성하여 다른 음료보다도 치아우식 및 부식 가능성이 높다.
이런 치아 손상을 줄이려면 탄산음료에 물이나 얼음을 섞어 당분과 산을 낮추거나, 빨대를 사용하여 탄산음료가 치아에 닿는 시간을 줄여야 한다.

Q3. 전 세계의 코카콜라의 맛은 동일한가요?

코카콜라는 본사에서 해외 지사로 코카콜라 음료에 대한 시럽을 배송하는 시스템으로 이루어져 있다. 해당 시럽을 바탕으로 물과 감미료를 배합하여 코카콜라를 제조하게 되는데 국가별로 사용하는 부원료의 차이가 있기 때문에 맛이 서로 다르다. 대표적으로 한국은 코카콜라에 설탕, 과당으로 단맛을 내는 반면, 미국의 코카콜라는 과당으로 제조되며, 멕시코의 경우 사탕수수가 사용된다. 또한 사용되는 물(정제수)도 국가별로 미네랄 함량, 관리 기준 등이 상이하여, 맛의 차이를 발생시키는 한 요소로 작용한다. 이로 인하여, 국가별로 코카콜라의 맛에 미묘한 차이가 있을 순 있다.

Q4. 포장 용기(종이팩, 유리병, 캔, 페트병)에 따른 차이점은 무엇인가요?

🔍 포장의 정의
일반적인 의미로서 포장은 포장된 상태를 의미를 말하는데, 현대의 포장은 그 기능이 확대되어 제조자와 소비자를 연결시키는 촉매제 역할을 수행한다.

공장에서의 생산부터 고객의 소비에 이르기까지 유통 과정에서 제품 내용물을 보호해 주는 기능은 물론, 상품을 명확하게 알려 주어 소비자가 안심하고 제품을 안심하게 사용할 수 있도록 제품을 보호하는 기능과 판매 촉진의 기능을 하고 있다.

🔍 포장의 기능

내용물의 보호	제품이 생산에서부터 최종 소비자 손에 들어가기까지의 수송, 보관, 하역, 취급, 배송 등의 도중에 생기는 여러 가지 장해나 위난으로부터 내용 제품의 품질 저하를 방지하고 보호, 보존하기 위하여 실시하는 것
취급에의 편의성	제품이 수송, 보관, 하역, 판매, 소비 등에서의 도중 여러 가지 취급의 편리를 위하여 실시되는 것
정보의 제공	생산자 내용물 등에 관한 갖가지 정보의 전달 표시
판매 촉진	내용 제품을 차별화시키면서 상품 이미지의 상승효과를 일으켜 소비자로 하여금 구매 충동을 일으키게 하는 것
환경 친화성	공익성과 함께 환경 친화적 포장을 추구
유통의 합리화	상품 비용과 유통 비용을 절감

🔍 포장의 종류

– 종이팩 포장재

종이를 주재료로 사용하여 만든 용기·포장으로, 액상의 제품을 담을 수 있도록 폴리에틸렌(PE) 필름이 안쪽 면과 바깥쪽 면에 코팅되어 있으며 우유, 주스, 두유, 기타 음료용을 포장하는 직육면체의 용기이며 멸균팩(Aseptic Carton) 등으로 불린다.

제품의 품질이 보장되고 빛 투과를 차단하므로, 장기간 보존에 유리하다. 특히 유리나 캔에 비하여 가볍고 물류비를 절감할 수 있고 한정된 공간에 최대한 제품 저장을 가능케 하고 또 깨질 우려가 없으므로 취급과 보관이 용이하고 다른 용기에 비해 값이 저렴하다.

– 금속 캔 용기

주로 양철, 틴프리스틸, 알루미늄의 얇은 시트가 재료로 사용되며 음료나 맥주에 쓰이는 음료 캔, 통조림 캔 등에 사용된다. 특징은 종이 용기, 플라스틱 용기에 비해 단단하고, 취급·운반이 용이하며 기밀성이나 차광성에 뛰어나 내용물의 품질 유지와 싼 포장비 등의 장점으로 액체 식품 및 식품 포장 재료로 적합하다.

산소 차단성과 내열성이 있으며, 고온 살균 및 급속 냉각 효과가 있고 충진 포장 속도가 우수한 것이 특징이며 수송 시 취급성과 인쇄 및 도장이 비교적 우수하다.

- 유리병
유리는 주로 규사(모래), 탄산 소다, 탄산 석회 등의 혼합물을 고온에서 녹인 후 냉각하여 생성된, 투명도가 높은 물질을 말한다. 특징으로는 외관상 아름답고 내용물이 선명하게 투시되어 내용물을 투명하게 볼 수 있고, 내부의 내용물에 산소 및 기타 가스의 침입을 방지하고 내부 내용물의 휘발성 성분을 휘발하는 것을 방지할 수 있는 우수한 차단성을 가지고 있다. 또한, 유리병은 내구성과 내열성이 있어 안전하고 위생적이며, 좋은 내식성과 내산성이 있어 산성 물질(예: 주스, 음료수 등) 포장에 적합하다. 그 외 불활성 소재로 내용물과 화학적인 반응을 주고받지 않기 때문에 내용물의 본연의 맛을 가장 잘 유지한다. 하지만 햇빛에 오래 노출되면 내용물의 품질 변화가 생길 수 있고 용기가 무거워 미끄러워지거나 떨어뜨리면 쉽게 깨지는 단점이 있다.

- 플라스틱 페트병(PET)
주로 합성수지가 대부분인 고분자 물질을 주원료로 하는 것으로 열 가공하거나 또는 경화제·촉매·종합제 등을 시이트·판·관·막대기 등 일정한 형상으로 성형한 것 또는 그 원료를 말한다. 특징으로는 타 재료에 비해 성형이 자유로워 상품 설계의 폭이 넓고 무게가 가볍지만 어느 정도 강도(충격, 낙하 등)가 우수하다.

Q5. 업소용 콜라, 일반용 콜라 맛이 다른 것일까요?

탄산음료(콜라, 사이다 등)를 음식점에서 음용하다 보면, '업소용'이라는 문구가 적혀 있는 경우를 보기도 한다. 업소용이라는 문구 때문에, 사람들은 업소용 제품이 일반 판매점(마트, 편의점 등)에서 판매하는 콜라와 배합과 맛이 다를 거라 생각하기도 한다.
하지만 결론적으로 말하자면 업소용 제품은 일반 제품과 전혀 차이가 없다. 다만 판매하는 장소와 제품의 용량이 다를 뿐이다. 일반적으로 치킨, 피자 프랜차이즈나 음식점들은 많은 양의 탄산음료를 구매하고 있고, 이 구매량을 무기로 탄산음료 제조사에게 탄산음료를 더 낮은 가격으로 공급할 것을 요청한다. 이때 탄산음료 제조사는 동일 용량의 제품이 다른 가격으로 판매되는 것을 원치 않기 때문에 업소용 제품에 '업소용'이라는 문구를 표시하고 업소용 제품의 용량을 조금씩 다르게 하기도 한다(예, 일반용 1.5L → 업소용 1.25L).
일부 예민한 소비자들이 업소용이 일반용과 맛의 차이가 난다고 주장하기도 하지만 이는 1) 제조일, 2) 포장 용기, 3) 제조 공장 등의 차이에 의한 것이고 모두 제조사가 유지하고자 하는 품질 수준 이내로 관리되는 제품이다.

Q6. 코카콜라의 레시피가 지금도 알려지지 않은 이유는 무엇인가요?

"코카콜라가 만들어지는 과정에는 엄청난 비밀이 담긴 레시피가 있기에 코카콜라는 유사품과 다르다. 그리고 이 레시피를 아는 사람은 단 3명뿐이다." 존 스티스 펨버턴 박사가 발명한 이후 극소수의 사람에게만 구두로 알려 줬다는 코카콜라 레시피는 코카콜라 박물관 금고에 보관되고 있는 것으로 유명하다.

하지만 국가별로 투입 원료에 차이가 존재한다는 점과 공장에서 제품을 생산할 때 배합비를 알 수 있다는 점을 합쳐서 생각해 보면 국내외에 코카콜라의 레시피를 알고 있는 인원이 다수 있을 것으로 예측된다.

하지만 코카콜라는 전략적으로 레시피와 생산 라인에 대한 정보를 절대 비밀에 부치고 있는데, 이것은 코카콜라가 비밀 레시피로 타사에서 따라올 수 없는 기술력을 가지고 있다는 강점을 소비자에게 각인시키기 위한 전략이다. 즉, 코카콜라 레시피 자체를 아무도 아는 사람이 없게 비밀로 지키는 것보다 소비자가 코카콜라 레시피는 비밀이라고 믿게 만드는 것을 목표로 움직였다고 할 수 있다. 레시피는 전략적으로 특허 출원을 하지 않았는데, 특허 최대 보호 기간 이후 해당 기술을 공개해야 하기 때문에 특허 출원을 하지 않은 것으로 알려져 있다. 대신 코카콜라 레시피는 비밀이라는 사실을 동네방네 소문을 내는 방법으로 소비자의 관심을 더욱 끌었고 세계인들에게 코카콜라 레시피의 신비함을 각인시켰다. 이러한 스토리텔링 전략은 뛰어난 마케팅 사례로 남아 있으며 코카콜라를 세계적인 제품으로 만들 수 있었다.

Q7. 제로 음료들은 어떻게 단맛이 나는 것일까요?

단맛은 혀의 표면에 있는 단맛 수용체가 섭취한 물질에 의해 자극되고, 이 신호를 우리의 뇌가 인식하게 되면서 느껴지게 된다. 이 물질들은 주로 포도당(Glucose), 설탕(Sucrose), 과당(Fructose) 등의 당류로 인간이 에너지를 얻을 수 있는 가장 간단한 물질들이다.

당류가 아니기 때문에 열량이 없지만 혀의 단맛 수용체를 자극시킬 수 있는 물질들을 대체 감미료라고 한다. 주로 아스파탐, 수크랄로스, 아세설팜칼륨, 스테비올배당체 등이 있다. 이들은 화학적 합성, 천연물 추출 등 여러 방법으로 제조된다. 대체로 설탕의 100~1000배 정도의 단맛을 느낄 수 있게 해 주므로 매우 극소량을 음료에 첨가하여 사용하고 있다. (알룰로스와 당알코올류는 설탕보다 감미도가 낮은 것도 존재한다.)

또한, 인공 감미료들은 쓴맛 등 혀의 다른 수용체에도 잘 결합할 수 있기 때문에, 일반인들도 쉽게 기존의 당류가 포함된 음료와의 차이를 인식할 수 있다.

단맛의 인식은 인류의 진화에 있어서 매우 중요한 기능 중 하나인데, 에너지를 얻기 위해 섭취해야 할 음식이 매우 기분 좋은 단맛으로 느낄 수 있어야 생존에 유리했기 때문이다. 하지만, 현대 사회에서 과도한 당 섭취가 문제가 되었고 기분이 좋은 단맛은 유지하되, 칼로리는 줄일 수 있는 음료에 대한 소비자의 수요가 계속 증가하고 있다.

Q8. 탄산음료의 페트병과 생수 페트병 모양은 왜 다를까요?

탄산음료의 페트병 하단부가 아치의 형태로 병을 세우기 위해 5~6개의 지지대를 가지고 있다. 이러한 이유는 무엇일까? 탄산을 주입할 경우 병 내부의 압력은 약 3기압 가량 높아진다. 병 내부의 압력을 높여야 탄산을 많이 녹일 수 있으며 탄산을 오래 보전할 수 있다.

생수병처럼 하단부가 비교적 평평한 페트병에 탄산을 담게 된다면 아랫부분이 탄산의 압력을 이기지 못해 볼록 튀어나오게 된다. 이는 병을 세워서 진열하는 데 문제가 있을 수 있기 때문에 탄산음료는 하단부를 아치의 형태로 성형하여 내구력을 강화한 페트병을 사용하고 있다.

Q9. 유색 페트병이 투명 페트병으로 바뀌게 된 이유는 무엇일까요?

2019년 말 유색 페트병 사용 금지를 골자로 하는 자원재활용법이 시행되며 주류를 포함한 모든 음료의 유색 페트병이 사용 금지되었다. 유색 페트병은 투명 페트병과 달리 재활용하더라도 가공 도중 착색되거나 이물질이 나오는 등 여러 가지 문제가 발생되므로 환경부에서는 법의 제정을 통해 이의 사용을 금지시켰다.

한편, 산에서 온 이슬이라는 브랜드 이미지를 어필하기 위해 초록색 페트를 사용한 청량감을 전달하던 마운틴듀는, 유색 페트 사용 금지 법령으로 인해 이 초록 색상을 포기한 채 기존의 노란색이었던 음료 색상을 노출하는 투명 페트를 사용해야 하는 상황에 처하게 되었다.

코카콜라, 닥터페퍼, 스프라이트 등 기존 투명 페트를 통해 색상을 보여 주던 다양한 탄산음료들은 무관한 문제였으나, 꾸준히 초록색 패키징을 사용해 브랜드 이미지를 전달하던 마운틴듀로서는 소비자들에게 노란색이었던 음료 본연의 색상을 투명 페트를 통해 노출할 경우 시장을 잃을 수도 있는 상황이었다. 당시 롯데칠성음료에서는 발상의 전환을 통해 음료 본연의 색상을 초록 색상으로 변경해 이 문제를 해결했는데, 이 과정에서 좀 더 젊고 역동적인 이미지를 전달해 성공적인 리뉴얼로 소비자들에게 인정받았다.

5. 참고 문헌

1) Sanford A Miller, Victor P Frattali; Saccharin. Diabetes Care 1 January 1989; 12 (1): 75-80.
2) 한국포장협회 - 포장관련 재·개정 법률.
   https://www.kopa.or.kr
3) 한국순환자원유통지원센터 - 포장재별 재활용.
   http://www.kora.or.kr/front/main.do
4) 해양수산부 농수산물유통공사, 수출용 수산물 포장 디자인 가이드북, 2014.
5) 이상희, 음료학개론, 새로미, 2017.
6) 류무희 외 4인, 음료의 이해, 파워북, 2019.
7) 식품기획부, 가공식품 세분화 시장 현황조사 탄산음료 시장편, 한국농수산식품유통공사, 2010.
8) 식품표시정책과, 식품등의 표시기준 [별지 1] 표시사항별 세부표시기준, 식품의약품안전처, 2022.
9) 유대영, 탄산음료 마신 뒤 바로 양치? 치아 망가집니다!, 헬스조선 뉴스, 2020. https://m.health.chosun.com/svc/news_view.html?contid=2020071403096
10) (재)일본탄산음료검사협회, 최신소프트드링크스, 제3편 제조방법, 2003.
11) 서울아산병원, 메디컬 컬럼 - 탄산수와 탄산음료.
    https://www.amc.seoul.kr/asan/healthstory/medicalcolumn/medicalColumnDetail.do?medicalColumnId=34008
12) 한국 코카-콜라 - 브랜드, 제품 등 관련 내용.
    https://www.coca-cola.co.kr/
13) 해태htb - 브랜드, 제품 등 관련 내용.
    https://www.htb.co.kr/
14) 롯데칠성음료 - 브랜드, 제품 등 관련 내용 및 이미지.
    https://company.lottechilsung.co.kr/
15) 한국지식재산보호원 공식 Yutube "코카콜라로 살펴보는 영업비밀 이야기"
    https://www.youtube.com/watch?v=0AnPeZWysKU

Part 3
제2차 세계 대전을 승리로 이끈 커피

Part 3.
제2차 세계 대전을 승리로 이끈 커피

1. 역사

조지 파스쿠치우스(George Pascuchious)는 1700년에 라이프치히에서 출간한 라틴어 논문 《고대 이후의 새로운 발견》에서, 성경 사무엘상 25장 18절에 기록된, 다윗의 노여움을 풀기 위해 아비가일이 선물한 다섯 되의 볶은 곡물이 커피였다고 주장했다.

커피 나무에 달린 커피 열매

하지만 현재 대중적으로 가장 많이 알려진 최초의 커피 전설은 칼디설이다. 서기 1000년경 에티오피아에서 칼디라는 염소치기가 빨간 열매를 먹은 염소들이 활발해진 것을 발견한다. 칼디는 직접 열매를 먹어 본 후 정신을 맑게 해 주고 에너지를 주는 것을 느끼고 수도원장에게 이 열매를 소개한다. 수도원장은 이 열매를 화롯불에 태워 버렸는데 불에 구워진 열매가 구워지면서 커피향이 수도원에 널리 퍼졌다. 그러던 중 그 향긋한 냄새에 반한 한 수도승이 화롯불에 구운 커피콩을 건져 내어 물이랑 섞어 마시면서 커피음료가 탄생하게 되었다는 설이다.

우리나라에는 1880년대 중반에 이미 궁중에서 커피가 음용되고 있었다는 기록이 있다. 미국과의 통상조약을 맺은 1882년 이후, 개항장인 인천을 통해 외국인들과 함께 서양 문물이 자연스럽게 들어왔으며 보빙사(외교사절단)를 미국에 파견했다. 보빙사의 비서 겸 고문이었던 퍼시벌 로웰(Percival Lowell)의 저서 《Choson: The Land of the Morning Calm》(1886)에 따르면 84년에 본인이 조선 고위 관리의 초대에 의해 한강 별장에서 당시 조선의 최신 유행품이었던 커피를 마셨다고 기록되어 있다.

커피는 전통적으로 끓는 물에 커피를 침지시킨 후 커피 가루를 가라앉히고 남은 여액을 마시는 형태로 음용됐다. 하지만 이런 추출 방법은 커피를 조리하는 데 시간이 많이 걸리기 때문에 간편하게 조리할 수 있는 인스턴트커피가 필요하게 되었고, 미국의 사토리 카토 박사가 1901년 최초로 인스턴트커피를 발명하였다. 커피 추출액을 농축하여 도자기위에 얇게 도포하여 건조시키는 방식이었고 이를 발전시켜 1946년에 제너럴 푸즈사(General Foods Co. USA)는 맥스웰하우스라는 브랜드로 100% 커피 성분의 인스턴트커피를 미국 전역에 판매하게 되었다. 인스턴트커피는 즉석조리가 가능하기 때문에 2번의 세계 대전에서 그 편리성이 부각되면서 전 세계로 알려지게 되었다. 전쟁터에서의 생활은 매우 고되었고, 식사 후 마시는 커피 한잔은 전쟁의 공포와 피로를 가시게 하며 새로운 전투를 시작할 수 있는 힘이 되었다. 병사들에게 지급된 인스턴트커피는 병사의 사기를 올리고 세계 2차 대전을 승리로 이끌었다고 해도 과언이 아닐 것이다.

2. 대표 제품 및 트렌드

1) 대표 제품

업체명	제품명	사진	설명
매일유업	바리스타룰스		매일유업의 프리미엄 컵 커피 브랜드로, 까다로운 3가지 RULE을 지켜 최적의 커피 맛을 연구하는 것이 특징. 컵 커피, PET, 테트라 등의 제품군을 보유하고 있음.
동서식품	TOP		100% 아라비카 원두를 동서식품만의 노하우인 가압 추출 방식으로 뽑아낸 간편하게 즐기는 진한 에스프레소 커피 제품. 제품 라인업은 캔, PET, 컵 커피 등이 있음.
롯데칠성음료	칸타타		'칸타타' 브랜드는 국내 최초 프리미엄 원두를 사용한 캔 커피를 선보였으며, 원두 캔 커피 시장을 선도하는 브랜드. 캔, PET, 파우치 등 제품을 구성하고 있음.

 2020년 조사에 따르면 한국인이 1년에 마시는 커피 양은 평균 367잔으로, 커피 소비량은 세계 2위로 차지했고, 전 세계 평균 161잔에 비교하면, 두 배 이상의 커피를 마시고 있는 것으로 나타났다. 이 같은 대중적인 커피 사랑은 커피음료가 국내 RTD 음료(Ready to Drink) 시장 내에서 1조 3,985억 원의 매출로 가장 높은 카테고리 비중을 차지하는 데 일조했다.

(1) 바리스타룰스

 2007년 매일유업이 출시한 바리스타룰스(BARISTA RULES)는 출시 이래로 국내 컵 커피 시장에서 부동의 1위를 유지하고 있으며, 2020년 기준 누적 판매량은 약 15억 개로 집계된다.

바리스타룰스는 매일유업이 1997년 국내 최초 냉장 컵 커피 '카페라떼'를 출시한 이후 10년 만에 출시한 브랜드로, 점차 고도화되어 가는 커피 시장에서 소비자의 입맛을 사로잡기 위해 원두의 특성 및 풍미를 강화해 출시한 프리미엄 컵 커피이다. 이름에서 알 수 있듯이 원두 산지와 배합비, 로스팅, 추출 방식의 설계 등 원두의 특징을 그대로 살리면서도 디카페인, 락토프리 등 다양한 시도를 하고 있다.

'1%의 고산지 프리미엄 원두로 전문가의 원칙에 따라 맞춤 로스팅으로 만들어지는 커피 전문 브랜드'를 콘셉트로 내세우는 바리스타룰스는 다양한 산지의 원두를 선별하고 그 산지가 가진 특색에 맞춰 가장 적합한 로스팅 방법과 추출 방식을 적용한다. 또, 고유한 맛을 다른 재료와 적절하게 조화시킬 수 있는 조합을 개발하고 있다. 바리스타룰스 벨지엄 쇼콜라모카는 질리지 않는 단맛을 구현하기 위해 벨기에산 진한 초콜릿과 최적의 풍미를 이루는 엘살바도르산 원두를 사용한다.

(2) TOP

1980년 국산 커피의 대명사 '맥심'을 탄생시킨 동서식품은 동결 건조 커피로 인스턴트커피와 믹스커피로 시장을 선도하며 RTD '맥스웰하우스'로 이어 나가고자 했으나, 롯데칠성의 레쓰비에 밀리는 등 RTD 시장에서 고전을 면치 못하고 있었다. 커피에 대해 높아진 소비자들의 관심을 얻기 위해 바리스타룰스와 같은 제품들이 출시되던 시점보다 한 해 늦은 2008년 맥심 티오피(T.O.P)를 출시했다.

맥심 티오피는 콜롬비아, 에티오피아, 브라질 등 해발 1,000m 이상의 고지에서 재배한 최고급 100% 아라비카 원두만을 사용한 프리미엄 에스프레소 커피음료로, 맥심만의 가압 추출 기법으로 에스프레소를 추출해 정통 에스프레소의 깊은 맛과 향을 추구하며 마스터 라떼, 스위트 아메리카노, 더블랙 아메리카노를 중심으로 PET 형태의 심플리 스무스, 컵 커피 제품, 카페인 함량을 높인 스모키, 미디엄로스트 등 다양한 라인업을 선보이고 있다.

티오피는 프리미엄 커피 음료 시장에 1년 늦게 진출한 후발 브랜드였으나, 다양한 마케팅 및 커뮤니케이션을 통해 시장에서 선두 브랜드로 자리를 잡기 시작했는데, 국내 커피 광고 중 가장 유명하고 누구나 한 번쯤 따라 해 봤을 커피 광고 'XX가 그냥 커피라면, YY는 TOP야.'라는 원빈의 커피 광고로 소비자들의 많은 관심과 사랑을 받았다.

최근에도 맥심 티오피는 종이 빨대 적용 등 좀 더 친환경적이고 프리미엄한 이미지를 소비자들에게 전달할 수 있도록 다양한 시도 중에 있다.

(3) 칸타타

수많은 기업들이 커피 시장에 뛰어들기 시작한 2007년, 롯데는 종합 커피 사업을 하기 위해 롯데삼강(現 롯데웰푸드)으로부터 커피 사업 부문의 영업을, 롯데쇼핑으로부터 커피 제조 설비를 양수하는 등 그룹 내에 흩어져 있던 커피 사업을 하나로 통합해 커피사업부를 새로 출범시켰고 '롯데리치빌'이라는 브랜드로 판매하던 원두커피를 '칸타타' 브랜드로 리뉴얼했으며, 일반적으로 여성을 타깃으로 삼는 커피 시장에서 '남성' 타깃 중심으로 활동을 펼쳤다.

18세기 바흐가 커피광인 딸을 위해 작곡한 '커피 칸타타'에서 따온 브랜드인 '칸타타'는 커피 전문점 절반 수준의 가격으로 아라비카 고급 원두로 만든 커피를 '언제 어디서나' 즐길 수 있도록 하는 것을 목표로 출시되었다. 프리미엄 원두커피를 지향해 에티오피아 모카 시다모, 콜롬비아 수프리모, 브라질 산토스 등 세계 유명 산지의 고급 아라비카종 원두만을 사용하며 최적의 비율로 배합한 원두를 약 25℃ 물로 차갑게 한 번, 약 95℃ 물로 다시 한번 내리는 '더블드립' 방식으로 추출 정통 드립 방식으로 제조한다.

칸타타는 다양한 플레이버(flavor) 라인업보다는 다양한 용기를 선택해 소비자 편리성을 높이고 있는데, 여름철 편의점 판매가 활발한 파우치형 커피, 유리병 RTD 등을 선보였으며, 최근에는 기존 커피 RTD 용량보다 많은 500ml '칸타타 콘트라베이스 콜드브루 블랙'을 시작으로, 대용량의 묵직한 바디감을 가진 제품 특성에서 따온 '콘트라베이스' 라인업을 확장시키고 있다. 또한 콘트라베이스 라인업을 확대시키며 2020년에는 로스팅 그린티, 로스팅 보리차 등을 선보였는데, 커피의 '로스팅'을 차에도 적용하는 등 다양한 시도를 하고 있다.

2) 트렌드

최근 1일 1잔 커피가 일상화된 만큼, 가성비를 중시하는 저가형 커피 프랜차이즈부터 고급 커피 프랜차이즈까지 치열한 경쟁 중인 국내 커피 시장의 트렌드도 그만큼 빠르게 변화하고 있다.

(1) 한국인의 커피 사랑의 시작 '캔 커피'

1977년 시스코(이후 샘표식품에 매각)에서 출시된 타임커피(캔)가 국내 최초의 RTD 커피 제품이나, 캔에 담긴 커피라는 생소함으로 인기를 끌지는 못하였다. 그러나 1986년 동서식품에서 맥스웰하우스 캔 커피를 출시하고, 적극적인 마케팅을 하면서 캔 커피 시장을 열었다. 롯데, 펭귄, 해태 등 다양한 경쟁자들이 시장에 진입하였으나 맥스웰하우스의 점유율은 꾸준하였다. 1991년 롯데칠성에서 레쓰비를 출시하였고, 이병헌, 전지현 등의 라이징 스타를 CF 모델로 내세우면서 프리미엄 이미지를 구축하였다.

(2) 겨울에도 얼죽아, 차게 마시는 '컵 커피'

커피 전문 회사들이 캔 커피 시장을 개척한 후, 롯데칠성에서 시장 파이를 키워 나간 것에 반면 컵 커피 시장은 유업체들이 선도하였다. 컵 커피는 빨대로 빨아 마신다는 점에서 차갑게 즐기는 냉장 커피 위주로 시장이 형성되었다. 1997년 매일유업에서 출시한 카페라떼는 유업체의 핵심 역량을 바탕으로 풍부한 우유의 부드러운 맛과, 냉장 유통 시스템, 그리고 컵을 형상화한 용기 등이 소비자 입맛을 사로잡으며 컵 커피 시장을 급속도로 성장시켰다. 1998년 남양유업에서도 컵 커피를 출시하면서 시장은 두 업체 간 치열한 경쟁 구도 아래 성장하게 된다.

(3) 언제 어디서나 즐기는 커피 'NB 캔 커피'

상온 캔 커피와 냉장 컵 커피로 양분되던 RTD 커피 시장이 새로운 패러다임을 제시한 것은 롯데칠성이었다. 한국에서 다방과 커피숍 대신 '카페'가 늘어나던 2007년, 롯데칠성은 NB캔(New Bottle, 알루미늄 재질의 뚜껑이 있는 용기)에 담긴 칸타타 브랜드를 론칭하며 3세대 RTD 커피 시장을 열었다. 당시 드라마 〈커피프린스 1호점〉으로 인기를 얻고 있던 공유를 모델로 활용하며 드립 추출 공법 등을 강조하는 방식으로 인기를 끌었다. 다음 해인 2008년, 동서식품은 맥심 티오피를 NB캔으로 출시하여 시장에 출사표를 던졌으며 이 두개의 브랜드는 시장 내에서 2강 구도를 구축하였다.

(4) '마이너스'가 중요해진 커피 시장

COVID-19 이후 건강에 대한 관심이 높아지며 즐거운 건강 관리를 지향하는 '헬시 플레저(Healthy Pleasure)' 트렌드로 인하여, 건강을 위해 성분이나 원재료를 덜어 내는 '마이너스'가 강조된 커피 제품들이 시장에 확대되고 있다.

최근에는 카페인 양을 줄인 '디카페인(decaffeination) 커피'가 인기를 끌고 있는데, '네이버 데이터랩'에 따르면 2022년 1분기 디카페인 관련 키워드 검색량이 2019년 동기 대비 2배 이상 증가하였다. 기존 디카페인 커피의 주요 소비층이었던 임산부, 청소년 외에도 건강에 대한 관심이 높아진 일반인들의 수요가 반영된 것으로 생각된다. 스타벅스와 같이 커피 프랜차이즈에서도 디카페인 메뉴를 선보이고 있으며, 커피 스틱 및 매일유업의 '바리스타룰스 디카페인 라떼', 롯데칠성음료의 '콘트라베이스 디카페인 블랙', 코카콜라의 '조지아 크래프트 디카페인 오트라떼' 등 RTD 커피류들도 디카페인으로 출시되고 있다.

또한 당류와 칼로리에 민감한 소비자들의 선택을 받고자 설탕 대신 스테비아를 선택할 수 있도록 하거나 당 함량은 낮추되 달콤함과 부드러운 풍미는 유지한 '라이트 바닐라 시럽' 등을 개발해 건강을 중시하는 소비자의 입맛을 맞추고 있다.

식물성 대체유 제품들이 개발되면서, 주로 라떼류에서 비건 옵션도 확대되고 있다. 스타벅스, 투썸플레이스, 빽다방 등 다양한 커피 전문점에서도 우유를 식물성으로 변경할 수 있는 옵션들을 점차 늘려 가고 있으며, 캡슐 커피인 네스카페의 돌체구스토도 아몬드와 오트를 활용한 국내 최초의 비건 인증 커피 캡슐인 아몬드 플랫 화이트와 오트 플랫 화이트를 출시했다.

다양한 경쟁 환경 속에서 커피 음료 업계의 빠른 트렌드 적응과 시도는 계속될 것이며, 앞으로 소비자의 건강과 환경을 위한 소비를 지속하고자 하는 방향성은 지속될 것으로 예상된다.

3) 광고

회사	매일유업
제품명	바리스타룰스 그란데
광고연도	2022
Key Copy	대용량 커피도 바리스타룰스로 맛있게!
모델	전석호
광고 스냅샷	
URL	

회사	동서식품
제품명	TOP
광고연도	2009
Key Copy	이게 그냥 커피라면 이건 티오피야
모델	원빈, 신민아
광고 스냅샷	 
URL	

회사	롯데칠성
제품명	칸타타
광고연도	2022
Key Copy	달달한 충전이 필요할 땐
모델	경수진
광고 스냅샷	
URL	

3. 제조 과정

1) 정의

식품 공전에 따르면 커피는 커피 원두를 가공한 것이거나 또는 이에 식품 또는 식품 첨가물을 가한 것이다.

커피류	볶은 커피	커피 원두를 볶은 것 또는 이를 분쇄한 것.
	인스턴트커피	볶은 커피의 가용성 추출액을 건조한 것.
	조제 커피	별도 정의는 없으나, 믹스커피로 불리는 커피가 해당됨. 그 외 핸드드립 티백 등이 분류.
	액상 커피	유가공품에 커피를 혼합하여 음용하도록 만든 것.

2) 원두

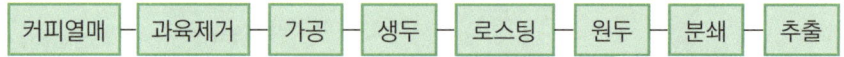

커피열매 → 과육제거 → 가공 → 생두 → 로스팅 → 원두 → 분쇄 → 추출

(1) 커피 원두 품종

커피 원두의 품종은 크게 3가지로 나뉜다. 첫 번째, 아라비카 품종은 전 세계 커피 생산량 중 60~70% 수준으로 가장 높은 비율을 차지한다. 아라비카 품종은 단맛이 풍부하여 병충해에 취약하며 재배하기 까다로워 생산성이 떨어지나 단맛과 산미, 향미가 풍부하여 다양하고 복잡한 향미 프로파일을 나타내 많은 농장에서 재배하고 있다. 이외 품종으로는 로부스타, 리베리카가 있다. 로부스타는 병충해에 강하고 추위에 잘 견뎌 '강건하다'라는 뜻의 로부스타로 불린다. 아라비카보다 카페인 함유량이 많고 쓴맛과 구수한 맛이 특징이며 상업용 커피 제품에 많이 활용되고 있다. 마지막, 리베리카는 커피 향미, 생산성이 다른 품종에 비해 부족하여 일부 지역에서만 생산된다.

(2) 재배와 가공

커피나무는 일정하고 온화한 온도, 적당한 강수량과 일조량의 환경에서 재배가 가능하다. 이러한 조건을 만족시키는 적도 지방에서 주로 재배된다. 그중에서도 저지대는 커피나무가 자랄 수 없을 정도로 온도가 높기 때문에, 서늘한 기후를 유지하는 고산 지대에서 재배된다.

커피나무가 주로 재배되는 곳은 남북위 25° 지역으로 띠를 형성하고 있는데, 이를 커피벨트(Coffee Belt)라고 부른다.

커피나무를 심고 3~5년이 지나면 안정적으로 열매를 수확할 수 있다. 커피 열매를 수확한 이후, 시간이 지남에 따라 과육이 발효되기 시작해 커피 품질에 영향을 미치기 때문에, 수확 후 과육과 생두(Green Bean)를 분리하는 가공 과정을 거쳐야 한다. 가공은 건조 방식과 발효 과정을 거치는 수세 방식으로 나뉜다. 건조 가공(Natural Process)은 수확한 커피 열매를 그대로 건조시키는 방법이고, 수세 가공(Washed Process)은 커피 열매의 외피와 과육을 벗겨 내고 끈적한 점액질까지 제거한 뒤 건조시키는 방법을 말한다. 커피는 동일한 품종을 같은 농장에서 재배했더라도 가공 방식에 따라 맛과 향의 차이가 크게 나타날 수 있다.

(3) 로스팅

생두(Green Bean) 상태에서는 커피의 다양한 향미 없이 단조로운 풋내가 난다. 커피의 향미는 열을 이용한 로스팅(Roasting) 과정을 통한 원두(Roasted Bean)에서 발현된다. 로스팅을 통해 생두에 열을 전달하게 되면 수분이 증발되고 색과 부피 변화가 일어난다. 열을 흡수하며 표면이 매끄럽게 펴지게 되고 색깔은 녹색에서 노란색으로, 노란색에서 갈색으로 변하며 구운 빵과 같은 향이 난다. 로스팅 정도에 따라 단맛, 신맛, 쓴맛의 강도가 달라진다.

(4) 추출

커피를 추출하는 방법에 따라 커피의 향미, 풍미가 달라진다. 추출 방법은 크게 4가지로, 분쇄된 커피(분쇄두)를 직접 물에 넣고 끓이는 달임식(Decoction), 분쇄두를 물에 일정 시간 담근 후 추출액을 분리하는 침출식(Steeping), 커피를 물에 통과시켜 중력으로 추출하는 여과식(Drip Filtration), 압력을 이용하여 커피의 가용 성분 및 불용성 지방과 가스를 함께 추출하는 가압식(Espresso)이 있다.

달임식(Decoction)	침출식(Steeping)
가압식(Espresso)	여과식(Drip Filtration)

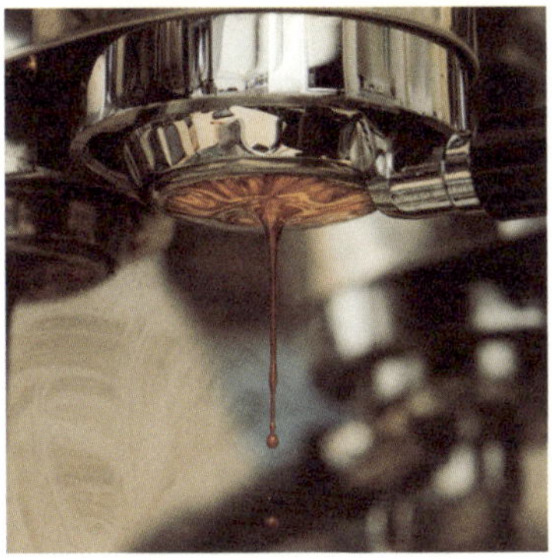

커피는 산지, 가공법, 로스팅, 블렌딩(Blending), 다양한 추출법 등을 활용하여 커피에 특색을 부여할 수 있다.

3) RTD 커피

원두분쇄 → 추출 → 배합 → 균질 → 살균 → 포장 → 커피음료

(1) 커피 추출액 제조

RTD 커피를 제조하기 위해, 카페에서 에스프레소를 뽑는 것처럼 대량으로 커피 추출액을 생산한다. 커피 생두를 로스팅하고, 분쇄한 원두를 열수로 추출한 뒤 냉각하는 공정에 거쳐 커

피 추출액을 제조한다. 이때, 분쇄 원두와 열수의 비율에 따라 커피 추출액의 농도, 즉 고형분의 함량을 조절할 수 있으며, 커피 추출액을 농축하는 과정을 거쳐 진한 커피 추출액으로 가공할 수 있다.

(2) 배합액 제조

라떼 제품은 우유의 지방과 물을 안정적으로 분산시키는 유화제가 혼합되어 있으며, 반대로 블랙 제품은 우유와 유화제가 들어가지 않는다. 라떼 제품의 경우, 먼저 분말원료를 용해시켜 용해액을 제조한다. 보통 분말 원료로는 설탕, 유화제, 산도 조절제, 플레이버 등이 있다. 산도 조절제는 말 그대로 산도를 조절하는 식품 첨가물이며 우유에서 기인된 유단백질이 산성인 커피 성분을 만나 침전되지 않게 해 준다. 유단백질은 산성이 되면 녹지 않고 침전되는 현상이 발생한다. 제품의 배합비에 맞게 분말 원료 용해액에 우유 성분(원유, 유크림, 분유)을 용해한 뒤 커피 원료를 혼합하면 배합액이 완성된다.

(3) 균질, 살균 및 포장

유성분이 포함된 라떼 제품의 경우, 우유 및 가공유와 동일하게 보존 중에 지방 성분의 부상, 크림 라인 형성을 억제하기 위해 지방구를 일정한 사이즈로 쪼개고 분산시키는 '균질' 공정을 거친 뒤 살균 혹은 멸균 처리를 한다. 하지만, 블랙 제품은 유성분이 포함되지 않기 때문에 균질을 따로 거치지 않고 살균을 진행한다. 이후, 냉각하여 제품 특성에 맞는 패키지에 충진하여 제품을 생산한다.

4) 인스턴트커피

(1) 커피 추출액 제조

커피 원두를 물로 추출한다. RTD 커피와 다른 점은 고온, 고압의 스팀으로 추출한다는 점이다. 고온, 고압의 스팀으로 추출하면 추출액의 성분도 달라진다. 커피 원두의 가용성 성분이 대부분 추출되는 100~150℃를 넘어서면, 고온으로 인해 가수 분해(hydrolysis) 공정이 일어나 원두의 탄수화물이 분해되기 시작한다. 이 탄수화물 분해 공정으로 추출 수율을 올릴 수 있고 경제성도 확보할 수 있다. 현재 전 세계적으로 가장 상용화된 방법은 다단 추출 공정이다. 이런 고온의 추출로 인스턴트커피의 추출액은 RTD 커피 추출액보다 향미 성분은 적고 탄수화물 성분은 많아진다. 하지만 주요 인스턴트커피 제조사는, 커피 가공 시 휘발되는 커피 원두의 향미 성분을 커피 추출액에 재흡수시키는 공정을 개발하여 커피의 품질을 보완하고 있다.

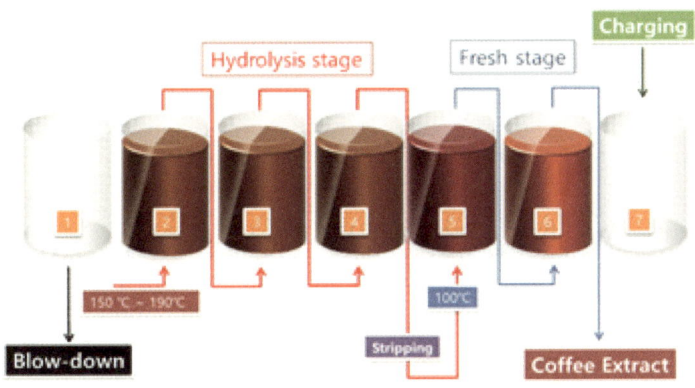

인스턴트커피 제조를 위한 커피추출조건 최적화

(2) 건조(분무 건조, 동결 건조)

추출 커피의 품질이 좋기는 하나, 액상이라 변질 및 보관의 어려움이 있다. 이를 보완하기 위해 커피 추출액을 건조시킨다. 분무 건조는 고온의 열풍을 이용해서 건조시키는 방법이고 동결 건조는 -20℃ 이하로 동결시킨 후 진공에 가까운 압력에서 건조시키는 방법이다. 국내에서는 동결 건조 커피가 주류이고 제조사에서는 동결 건조 커피가 품미가 우수하다고 주장하기도 하나, 해외의 경우 분무 건조가 더 일반적이고 품질도 동결 건조 커피에 비해 떨어지지도 않는 커피도 많다.

(3) 커피 믹스 제조

해외에서는 병 등으로 포장한 인스턴트커피가 일반적이나 국내에서는 인스턴트커피에 크리머와 설탕을 넣은 믹스커피가 주류이다. 이 믹스커피는 손쉽게 커피를 제조할 수 있도록 국내에서 최초로 개발되었다고 알려져 있다. 최근에는 믹스커피의 품질을 보완하기 위해 미세 분쇄한 원두를 첨가한 스타벅스의 'VIA'와 동서식품의 'KANU'가 생산되기도 하였다.

4. 현직자와 함께하는 Q&A

Q1. 커피우유가 커피음료로 분류되는 이유는 무엇일까요?

A. 커피우유=가공유, 커피음료=커피음료의 2가지 유형으로 분류되고 있다. 이처럼 2가지 유형은 '커피 고형분 함량'에 따라 구분된다. 가공유라 함은 원유 또는 유가공품에 식품 또는 식품 첨가물을 가한 액상의 것을 말한다. 다만 커피 고형분이 0.5% 이상인 제품은 가공유에 해당하지 않는다.

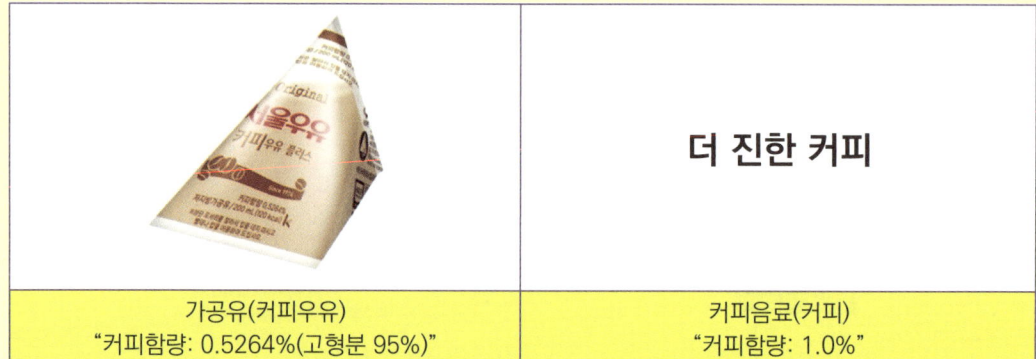

| 가공유(커피우유) "커피함량: 0.5264%(고형분 95%)" | 커피음료(커피) "커피함량: 1.0%" |

왼쪽의 '삼각커피우유(커피우유플러스)'의 경우, 커피함량이 0.5%(=0.5264%× 95%)이어서 가공유에 해당한다. 오른쪽의 '더 진한 커피'의 경우, 커피 함량이 1.0% 이상으로 커피음료에 해당하게 된다. 즉, 두 제품 모두 커피와 우유가 들어간 제품이지만, 제품에 포함하고 있는 커피 함량에 따라 가공유 또는 커피음료로 나누어진다.

Q2. 밀크커피(자판기), 카페라떼(카페), 커피우유(공장)의 차이점은 무엇일까요?

밀크커피(자판기)의 경우 일반적인 믹스커피와 동일한 제품이다. 자판기에서 제품을 선택할 경우 컵을 배출하고 배출된 컵 위로 온수가 배출됨과 동시에 재료 모터에서 커피 및 설탕 등 커피의 원재료가 혼합되고 컵으로 배출되어 밀크커피가 완성되게 된다. 자판기에 활용되는 우유 원료는 주로 크리머가 활용된다. 카페라떼는 우유를 넣은 커피로 정의할 수 있다. 이탈리아어로 카페는 커피, 라떼는 우유를 뜻하며 '카페라떼'는 이탈리아어로 '우유커피'를 의미한다. 카페라떼는 추출한 에스프레소에 Hot 음료는, 우유에 증기를 불어 넣어 거품을 형성한 스팀 밀크를 부어 제조하고, Ice 음료는 차가운 우유를 활용하여 제조한다. 커피우유는 커피를 넣은 우유로 정의할 수 있다. 원유에 단맛을 내는 설탕, 과당 및 커피 분말, 커피 향을 첨가하여 제조한다. 우유에 커피를 0.5% 이하로 첨가하고 커피의 쓴맛을 우유 및 당류가 완화시켜 주기 때문에 주로 쓴 커피를 좋아하지 않는 사람들이 즐겨 찾는다.

Q3. 디카페인 커피는 어떻게 만들어지나요?

'식품등의 표시기준'에 따르면 카페인 함량을 90%이상 제거한 제품은 "탈카페인(디카페인) 제품"으로 표시할 수 있다. 카페인을 완벽히 100% 제거하는 것은 기술적으로 어렵기 때문에 디카페인 커피라도 카페인이 소량 들어 있을 수 있다. 시중 유통되는 디카페인 RTD 커피 제품의 카페인 함량은 4(콘트라베이스 디카페인 블랙, 롯데칠성음료㈜, 용량 500ml)~6mg(바리스타룰스 디카페인 라떼, 매일유업㈜, 용량 325ml) 정도 수준이다.

카페인 제거 방법은 크게 용매 기반 공정과 비용매 기반 공정으로 나눌 수 있다. 용매 기반 공정은 다시 간접 용매 공정과 직접 용매 공정으로 나뉜다. 용매 기반 공정은 말 그대로 메틸렌클로라이드 또는 에틸아세테이트와 같은 화학 용매를 사용하여 커피콩에서 카페인을 제거하는 공정이다. 용매에 직접 커피콩을 담가서 카페인을 제거하는 방법이며 휘발성 용매를 사용하여 용매는 모두 날아간다.

간접 용매 공정에서는 용매가 커피를 끓인 물에 사용된다. 커피콩을 끓는 물에 몇 시간 담가 두어 카페인과 기타 향미 성분 및 오일을 추출하여 커피콩은 빼내고 그 물에 용매를 넣어 카페인을 제거한다. 특히 유럽에서 인기 있는 방법으로 European method라고도 불린다. 하지만 국내에서는 커피를 유기 용매로 추출하는 것이 금지되어 있어, 이런 유기 용매로 추출한 디카페인 커피는 판매되지 않는다.

가장 최근에 연구된 비용매 기반 공정에는 이산화탄소 공정이 있다. 초임계 상태의 이산화탄소를 이용하여 찐 생두에서 카페인을 추출하는 방식이다. 고온, 고압의 초임계 유체 상태의 이산화탄소는 기체와 액체의 중간 성질을 가지게 되며 카페인을 녹여 추출이 가능하다. 커피의 향미 성분 손실이 적다는 장점이 있지만 비용이 많이 든다는 단점이 있다. 국내에서 판매되는 디카페인 커피는 모두 이산화탄소 공정으로 가공된 커피이다.

디카페인 공정의 경우 커피의 복합적인 향미 화합물까지 일부 추출시켜 향미가 떨어진다는 치명적인 단점이 있다. 하지만 일반 커피에 비해 카페인 함량을 90% 이상 제거했기 때문에 1일 카페인 권장량을 크게 신경 쓰지 않아도 괜찮다는 큰 장점이 있어 카페인에 민감한 사람들에게 인기를 얻고 있다.

Q4. 커피 대용 음료(레드불, 핫식스 등)와 커피별 차이는 무엇인가요?

커피와 에너지 음료는 성분에서 큰 차이가 있다. 커피는 원두를 추출하여 원두에서 유래한 카페인 및 자연 성분을 함유하고 있다면, 에너지 음료는 인위적으로 카페인 및 에너지 활성화 물질을 넣어 만든 음료이다. 일반적으로 에너지 음료는 고카페인 음료(0.15mg/ml 이상)로 분류된다. 한국소비자원의 조사에 따르면 시중의 20개 에너지 음료를 조사한 결과, 카페인 함유량의 평균은 58.1mg이었다. 또한 식품의약품안전처의 카페인 하루 섭취 권고량은 청소년 체중 1kg당 2.5mg으로, 체중 50kg인 청소년은 125mg이 된다. 그러므로 청소년의 경우에는 에너지 음료를 하루에 두 캔 정도만 섭취하는 것을 추천한다.

구분	커피	에너지음료
주요 성분	카페인, 클로로겐산 등 커피 유래 성분	카페인, 과라나, 타우린, 인삼, 비타민 등
신체 작용	각성, 항산화, 항염증	교감신경계 자극, 각성, 신체 에너지 활성화, 집중력 향상, 운동 수행 능력 향상

Q5. 커피는 하루에 몇 잔까지 마실 수 있나요?

커피는 하루에 3잔 이내로 마시는 것이 좋다. 성인의 일일 카페인 섭취 권장량은 400mg으로(출처: 식품의약품안전처), 이는 일반적인 레귤러 사이즈 커피 두 잔이면 충족되기 때문이다. 카페인의 과다 섭취는 우리 신경을 각성시키고, 이뇨 작용을 촉진하여 우리 몸속의 수분을 빠져나가게 한다. 이런 영향으로 깊은 잠을 방해하여 주간 피로, 변비 등의 원인이 될 수 있다. 카페인의 부작용을 예방하기 위해서는 숙면에 방해되지 않도록 일찍 커피를 마시거나(몸속 카페인 효과는 일반적으로 8시간 지속) 커피를 마실 때 물을 추가로 섭취하는 것이 좋다. 또는 디카페인 커피 섭취를 하는 것도 좋다. 커피에는 클로로겐산 등 여러 항산화 물질이 있어서 하루 2~3잔 정도의 커피가 몸에 좋다는 연구도 다수 발표된 바 있다. 하지만 이러한 결과들은 모두 시럽과 설탕이 들어 있지 않은 원두커피를 섭취한 연구라는 사실을 알고 마시는 것이 좋다.

5. 참고 문헌

1) 루소 트레이닝랩, 정경림 외 1명, 당신이 커피에 대하여 알고 싶은 모든 것들, 위즈덤스타일, 2015.
2) 고봉수 외 2명, 인스턴트커피 제조를 위한 커피추출조건 최적화, 한국식품영양학회지, 2017
3) 3. Lorenzo, 4 Safe and Effective Ways to Decaffeinate Coffee, COFFEE CONFIDENTIAL, https://coffeeconfidential.org/health/decaffeination
4) 한국식품과학회, 식품과학사전, 교문사, 2012.
5) 식품위해평가부 첨가물포장과, 성인 하루 커피 4잔, 청소년 에너지음료 2캔 이내로 섭취하세요, 식품의약품안전처, 2020.
6) 김성헌. 커피 클로로겐산·카페인이 건강에 미치는 긍정적 영향과 효율적인 섭취 방안 고찰, 한국웰니스학회지, 2021.
7) 고석현 외 5명, 건식발효를 이용한 유산균 더치 커피의 항염증 효과, 산업식품공학, 2018.
8) 롯데칠성음료 - 브랜드, 제품 등 관련 내용 및 이미지
https://company.lottechilsung.co.kr/

Part 4
주스와 식초는 형제 사이

Part 4.
주스와 식초는 형제 사이

1. 역사

 과일의 구성 성분을 이루는 대부분이 물인 만큼 과일에서 주스를 추출해 먹는 방법은 딱히 특기할 만한 요소가 없으나, 이것을 썩지 않게 처리하거나 보존하는 것은 어렵기 때문에 의외로 주스 자체는 역사적으로 그다지 주목받지 못했다. 과일이 썩기 쉬운 만큼 그 즙도 오래 저장할 수가 없기 때문에 발효하거나 가공하기 전의 재료로 취급될 뿐, 주스 자체를 음용하는 것은 그다지 권장되지 않았기 때문이다. 실제로 과즙을 그대로 놔둔 결과 생긴 것이 과일 식초와 과일주이며, 이후 널리 음용되었다. 과일주스 자체를 음용하기 시작한 곳은 노르웨이 지방이며, 우리가 흔히 알고 있는 가장 익숙한 주스인 오렌지주스도 노르웨이 전통 아침 식사에 포함되어 있는 요소였다.

2. 대표 제품 및 트렌드

1) 대표 제품

업체명	제품명	사진	설명
해태htb	썬키스트		해태음료에서 '썬키스트'의 라이선스로 출시한 주스로, 기존 가향 오렌지주스 중심 시장에서 100이라는 숫자를 내세우고 무가당을 소구함. 유리병으로 된 주스를 방문 판매 사원을 통해 판매하며 입지를 굳힘
롯데칠성음료	델몬트		'델몬트'의 상표와 기술을 받아 썬키스트와 유사하게 유리병에 담긴 오렌지주스를 판매함. 언제나 1위인 썬키스트에 밀렸으나, 델몬트는 주스 중심으로 지속적인 활동을 펼쳐 그 명성을 이어 나가고 있음.
매일유업	썬업		국내 최초 냉장 주스 브랜드. 90년대까지 상온 주스가 독점한 시장에서, 선진국형 냉장 주스 콘셉트로 열처리에 의한 가열취 발생을 최소화해 과일주스 본연의 맛을 담아냄.
서울우유	아침에주스		서울우유협동조합이 우유 유통에 쓰이던 콜드 체인 시스템을 활용해 출시한 냉장 주스로, 콜드 체인 유통을 통해 신선함을 유지하고 그 이미지를 소구해 30년간 소비자들에게 사랑받음.
풀무원	아임리얼		농축 환원 주스가 시장의 대부분이었던 2007년 출시해 물을 한 방울도 넣지 않고 생과일을 그대로 착즙해 '풀무원이 만든 과일' 콘셉트를 소구했으며, 현재까지도 프리미엄 주스의 스테디셀러로 자리 잡음.

18세기 선원들의 괴혈병을 예방하기 위해 섭취된 레몬을 시작으로, 2차 세계 대전 전후로 오렌지주스의 필요성이 널리 알려지며 신선도를 유지하기 위한 다양한 방법이 시도되었으며, 파스퇴르가 개발한 살균법과 냉장고의 보급 등으로 널리 퍼져 나갔다. 하지만 우리나라에서 오렌지는 낯선 과일이었기에 널리 확산되는 데 제법 시간이 걸렸다. 한국 음료 시장에서 오렌지주스란 분말 형태의 파우더 정도였고, 1968년 '오렌지 향' 환타의 등장, 76년의 오렌지 과즙을 10% 함유한 써니텐의 등장, 80년 오렌지 과립이 들어간 '쌕쌕 오렌지' 이후 오렌지 100이라는 숫자를 내세우는 오렌지주스가 등장했으며, 경제 성장으로 생활 수준이 향상되며 대표 브랜드들도 변화해 갔다.

(1) 1세대 주스

가. 썬키스트

해태음료에서 '썬키스트'의 상표를 받아 출시한 오렌지주스로, 기존 오렌지 향 등이 가향된 형태의 음료에서 처음 100이라는 숫자를 내세우며 당을 따로 넣지 않았다는 '무가당'으로 소구하며 건강한 이미지를 굳혀 갔고, 지금은 추억의 아이템이 된 유리병으로 된 주스를 방문 판매 사원을 통해 판매하며 알려졌다. 함량과 소구 포인트들은 꾸준히 변경되어 오지만 페트병에 담긴 썬키스트 오렌지주스는 지금도 해태htb에 의해 생산되며 다양한 채널을 통해 꾸준히 판매되고 있다.

나. 델몬트

해태음료의 썬키스트 훼미리주스의 출시 다음 해, 1983년 롯데칠성에서는 '델몬트(Delmonte)'의 상표와 기술을 받아 동일하게 유리병에 담긴 오렌지주스를 판매하기 시작하며 국내 오렌지주스의 양대 산맥을 이루기 시작하지만, 언제나 업계 1위는 썬키스트였다. 그러나 썬키스트와 델몬트의 싸움도 잠시, 92년 오렌지 원액 수입 완전 자유화로 인해 다양한 후발 주자들이 등장하고 생활 수준의 향상으로 주스의 기준이 다양화되면서 소비자들의 주스 선택 옵션이 다양해졌다.

이후 다양한 음료 카테고리로 확대해 나간 썬키스트와 달리 델몬트는 '100% 과즙 주스 콜드' 등으로 성공을 거두며, 냉장 주스 시장에서도 소비자들에게 강한 인상을 남기고 판매 중에 있으며 오렌지100, 다채로운 플레이버(flavor) 확장, 다양한 포장 형태 적용 및 리미티드 에디션인 미니 병 시리즈 등을 출시하며 중저가 주스 시장부터 프리미엄 시장까지 활동을 이어 가고 있다.

(2) 2세대 주스

가. 썬업

　1997년 매일유업에서 출시한 썬업은 국내 최초 냉장 주스 브랜드로, 현재까지 소비자들에게 꾸준한 사랑을 받고 있다. 90년대 초반까지 국내 주스 시장은 상온 주스가 독점하고 있었고, 이러한 상황에서 아직 국내에 소개되지 않은 선진국형 냉장 주스 제품이 경쟁력 있을 것이라 판단해 '신선한 주스'라는 콘셉트로 과일주스 본연의 맛을 살리는 제품을 개발했고, 열처리에 의한 가열취 발생을 최소화하면서 오렌지 본연의 신선한 맛을 살릴 수 있는 방법을 찾아냈다. 썬업은 주로 유리병과 페트 중심이던 우리나라 주스 용기에도 변화를 가져왔는데, 바로 뚜껑이 달린 우유팩과 같은 형태의 베리어(barrier) 카톤팩이다. 또한 저온 살균해 냉장 상태에서 15일간 유통이 가능했던 썬업은 신선한 이미지를 구축함과 동시에 우리나라에 냉장 주스를 널리 알리게 되었다. 냉장 주스 시장이 심화됨에 따라 최근에는 웰빙 트렌드를 반영해 마시는 샐러드 콘셉트로 다양한 과채를 믹스한 주스로 소비자들의 선택의 폭을 넓히고 있다.

나. 아침에주스

　1993년 서울우유 협동조합은 이미 우유 유통에 활용 중이던 콜드 체인 시스템(Cold chain system)을 활용해 냉장 주스 시장에 '아침에주스'라는 브랜드를 출시한다.

　아침에주스는 오렌지의 신선함을 결정하는 5℃를 브랜드 자산으로 구축해 '시들지 않는 천연의 맛'을 그대로 느낄 수 있도록 구현했고, 아침이라는 네이밍에서 오는 신선함으로 소비자들에게 어필해 30여 년간 사랑받고 있다. 썬업이 웰빙 등을 소구하며 다양한 믹스 주스 시장으로 확대한 것에 반해 아침에주스는 다양한 시도를 많이 했는데, 2가지 플레이버를 듀얼 패키지에 담아 한쪽으로는 오렌지주스, 반대쪽으로는 포도주스를 즐길 수 있는 새로운 개념의 신제품을 출시하기도 했고, 과즙을 100% 활용한 젤리 형태로도 출시했다. 최근에는 무설탕, 무첨가를 지향하며 프리미엄 라인인 블랙 라벨 라인업을 출시하고 기존의 패키지 라인업을 리뉴얼하는 등 끊임없이 다양한 변화를 꾀하고 있다.

(3) 3세대 주스

가. 아임리얼

농축액 환원 냉장 주스가 시장을 장악한 2007년, 음료 외 다양한 식품군에서 바른 먹거리를 소구하던 풀무원에서 '물을 한 방울도 넣지 않고 생과일을 그대로 착즙한' 브랜드 '아임리얼'을 출시한다. 이전의 주스와는 달리 생과일을 그대로 착즙한 마시는 과일 콘셉트로 출시된 아임리얼은 2007년 출시 후 22년도까지 누적 1억 7000만 병 이상을 판매한 프리미엄 주스의 스테디셀러로 자리 잡았으며, 물 0%, 설탕 0% 원칙을 고수해 최근에는 일부 사용하던 농축액을 100% 순수 과즙으로 대체하는 등 프리미엄 착즙 주스 시장을 선도하고 있다. 다양한 플레이버 및 시즌 한정 플레이버 등을 출시하고 있으며 최근에는 냉장 착즙 주스의 가장 큰 한계인 유통기한을 해소하고자, 수입 주스들이 선점했던 냉동 주스 시장에도 뛰어들어 '마시는 과일'을 좀 더 다양한 환경에서 즐길 수 있도록 다양한 시도 중에 있다.

2) 트렌드

주스 트렌드는 과일 트렌드에 따라 소재 측면에서 많은 영향을 받아 왔다. 또한 그 시대의 경제, 문화적 상황에 따라 셀링 포인트와 RTB(Reason to believe) 요소가 변화하여 왔다. 과거 귀한 대접의 음료로 주스가 소비되었고, 이에 따라 대표적인 수입산 과일인 오렌지를 중심으로 주스 시장이 형성되어 왔다. 점차 소비자들의 해외 경험이 많아지며 더욱 이국적인 과일 소재가 확대되고 있고, COVID-19 이후 영양학적인 기능적 가치가 부가된 주스 제품들이 확대되고 있다. 또한 가치 소비가 확대되며 '마시는' 용도를 넘어선 '가치 소비'의 일환으로 주스가 소비되고 있다.

(1) 귀한 선물 '오렌지주스'

주스의 대표적인 과일인 '오렌지'는 서양의 주스 문화가 알려지면서 '주스=오렌지'라는 공식이 생겨나게 되었다. 하지만 국내에서 생산되는 오렌지주스의 경우 수입 100%인 오렌지를 사용하기 때문에 적절한 소비자 가격을 맞추기 위해 오렌지 향을 넣어 오렌지 향미를 살리거나, 오렌지 과즙 함량을 10%가량 넣은 저과즙 제품들이 시장에 판매되었다. 1980년에는 오렌지 알갱이를 넣어 오렌지를 직접 갈아 펄프(pulp)가 남아 있는 것과 같은 느낌이 드는 롯데칠성음료의 '쌕쌕'이 출시되기도 하였다. 1982년 해태음료의 '썬키스트(Sunkist)' 오렌지주스, 1983년 롯데칠성음료의 '델몬트(Delmonte)' 등 해외 라이선스 브랜드로 오렌지 100%와 따로 당을 넣지 않고 오렌지 본연의 맛을 냈다는 점을 강조한 프리미엄 주스 시대를 열면서, 오렌지주스는 손님 대접을 위해 내는 음료로 자리 잡았다. 오렌지가 비타민 C가 풍부하기 때문에, 병문안 선물로 가져가거나 유리병에 담은 오렌지주스를 집들이 선물로 가져가는 문화도 자리 잡게 되었다.

(2) 이국적인 수입의 맛

수입 과일을 적당한 가격에 '차갑게 먹을 수 있는 방법'은 바로 주스였다. 수입산 과일의 대명사 오렌지주스 외에도 사과, 포도 등 한국인에게도 친숙한 과일을 중심으로 오랜 시간 주스 시장이 형성되고 있었다.

소비자들의 해외 경험이 늘어나며 다양한 이국적인 수입 과일들이 시장에 소개되기 시작했고, 포화 상태의 주스 시장에 큰 변화를 준 것이 바로 대표적인 열대 과일인 '망고'이다. 2003년 롯데칠성음료에서 '델몬트 망고'를 출시하며 큰 성공을 거두었고, 구아바, 포시즌 등 이국적인 과일주스들을 연달아 출시하였다. 이후 2000년대 중반부터는 과즙 함량과 무가당보다 소재의 차별성을 바탕으로 주스 시장이 성장했다. 기존 과일음료의 시트러스(Citrus), 달콤한 맛과 대비되는 달콤 쌉싸름하고 비교적 가벼운 맛의 '자몽'이 여성과 다이어트를 타깃으로 시장을 확장하였다. 빙그레 '따옴'은 과육을 살린 냉장 자몽 주스로 2012년 출시되었고, 자몽 주스는 알갱이가 씹히는 형태의 냉장 주스로 주로 국내에 판매되고 있다.

현재는 조금 더 세분화된 과일로 주스 시장은 프리미엄화되어 가고 있다. 2017년 생과일주스 판매점이 인기를 끌면서, 두 가지 이상의 과일, 채소를 섞은 제품들이 출시되기도 하고, 청포도는 샤인머스캣으로, 키위는 골드키위로, 체리는 타르제리로, 망고는 애플망고로 과일 품종을 세분화한 주스 제품들이 출시되고 있다.

(3) 더욱 진화된 웰빙. "Better for you"

2000년대 초반 웰빙(well-being)에 대한 소비자 니즈(needs)가 증가하면서, 원재료 그대로의 맛을 담아내는 주스 브랜드들이 출시되었다. 웅진식품의 '자연은'은 2004년 '자연주의'

를 표방하며 과일과 야채가 가장 맛있게 자라는 '생육일수'를 지킨 재료를 사용한 주스를 출시하였다. 2007년 풀무원의 '아임리얼', 2012년 빙그레의 '따옴'이 출시되며 프리미엄 냉장 주스 시장이 본격 확대되었다. 코카콜라의 '미닛메이드', 파스퇴르의 '발렌시아' 등은 신선함과 재료의 원산지를 강조하여 주스의 웰니스(wellness) 트렌드에 대응한 제품을 출시하였다.

무첨가, 무가당, 원산지, 냉장을 강조한 원재료와 공법에 기인한 '웰빙' 주스가 인기였다면, 건강 TPO가 더욱 강화되어 BFY(Better for you) 트렌드 아래 이너 뷰티 목적의 건강 주스들이 2010년 중반부터 시장에 확대되기 시작했다. 밀싹, 케일, 비트 등을 활용한 디톡스(Detox) 목적의 클렌즈 주스들이 온라인 몰 및 전문 매장들을 중심으로 확대되었고, 국내 클렌즈 주스인 '올가니카'의 '저스트 클렌즈', hy야쿠르트의 '더주스(The juice)' 등이 간단하게 매일 챙길 수 있는 건강한 콘셉트의 과채주스로서 오프라인 매장에 판매가 되기도 하였다. 글로벌 SNS 인플루언서들을 중심으로 화제가 되었던 사과(Apple), 비트(Beet root), 당근(Carrot) 조합의 주스인 'ABC 주스'는 2020년 들어 큰 인기를 끌며 온라인에서 레시피가 공유되며 온라인 전문 업체 중심으로 판매되었다. 해외에서는 샷(shot) 형태로 농축시킨 '샷 쥬스(Wellness shot drink)'들도 출시되면서 간편하게 효과적으로 주스 원재료에서 기인하는 기능성을 강화한 제품군도 확대되고 있다. 또한 글로벌 시장을 중심으로 감귤류의 시트러스(Citrus)에서 벗어나 허브, 꽃등 보태니컬(Botanical)한 재료들이 가미되어 심신 안정 효과를 주는 '릴렉싱(Relaxing) 주스'들이 출시되며 프리미엄화되고 있다. 제로 트렌드에 맞게 제로 슈가(Zero sugar) 제품, 달고 쓴맛의 조화(balance of bitter and sweet)의 과채주스들이 부담스럽지 않은 음료 형태로서 새로운 프리미엄 트렌드로 급부상하고 있다.

(4) 주스로 가치 소비하기

글로벌 시장을 중심으로 가치 소비를 고려한 주스들이 출시되고 있다. 로컬 과일, 판매될 수 없는 못생긴 과일들을 재료로 한 주스 브랜드들이 글로벌 유통 매장과 협업하거나, 중소형 업체 및 온라인 몰을 중심으로 출시되고 있다. 미국의 Tesco는 못생긴 과일을 활용한 주스 브랜드인 'Waste Not'을 운영하였고, 미국의 스타트업 기업인 '워터멜론워터(WTRMLN WTR)'는 못생긴 수박들로 만든 주스를 판매하고 있다. 국내의 경우 온라인 및 오프라인 주스 매장들을 중심으로 스타트업들이 진출하고 있는 상황이다.

3) 광고

회사	델몬트(롯데칠성음료)
제품명	오렌지주스
광고연도	1997
Key Copy	시지않은100% 프리미엄 오렌지 주스
모델	원미경
광고 스냅샷	
URL	

회사	매일유업
제품명	썬업 과일야채샐러드
광고연도	2016
Key Copy	마시는 맛있는 샐러드
모델	고준희
광고 스냅샷	
URL	

회사	풀무원
제품명	아임리얼
광고연도	2011
Key Copy	물 한 방울 넣지 않고 생과일을 담았습니다
모델	김희
광고 스냅샷	
URL	

3. 제조 과정

1) 정의

　주스라고 하면 보통은 오렌지주스, 알로에주스 등을 떠올린다. 식품 공전 기준으로는 과일·채소류음료라 함은 과일 또는 채소를 원료로 하여 가공한 것으로서 직접 또는 희석하여 음용하는 것으로 농축과·채즙, 과·채주스, 과·채음료를 말한다.

농축과·채즙

농축과·채즙 (또는 과·채분)	과일즙, 채소즙 또는 이들을 혼합하여 50% 이하로 농축한 것 또는 이것을 분말화한 것을 말한다. (대부분 원료로서 사용되고 있다.)		
과·채주스	과일 또는 채소를 압착, 분쇄, 착즙 등 물리적으로 가공하여 얻은 과·채즙(농축과·채즙, 과·채즙 또는 과일분, 채소분, 과·채분을 환원한 과·채즙, 과·채퓨레·페이스트 포함) 또는 이에 식품 또는 식품 첨가물을 가한 것(과·채즙 95% 이상)을 말한다.		
	썬업	아임리얼	
	매일유업	풀무원식품㈜	
과·채음료	농축과·채즙(또는 과·채분) 또는 과·채주스 등을 원료로 하여 가공한 것(과일즙, 채소즙 또는 과·채즙 10% 이상)을 말한다.		
	봉봉	자연은	피크닉
	해태htb㈜	웅진식품	매일유업

아래는 법적 정의를 더 알기 쉽게 소비자의 눈에 맞춘 이미지이다.

2) 제조 공정

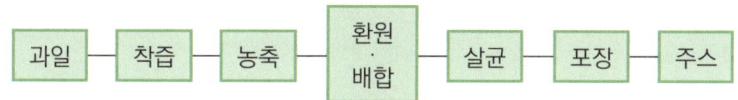

과·채주스 혹은 과·채음료에는 천연 과즙, 퓨레 혹은 농축 과즙, 당류, 산미료, 향료 등을 원재료로 사용한다. 먼저, 농축 과즙 원료를 해동하여 준비하고 이를 목표 과즙 농도에 맞게 희석(환원)시킨다. 이때, 과일 및 채소의 종류마다 기준 당도(brix)가 다르고 원료별 농축된 정도(당도)가 다르기 때문에 당도를 측정하고 환산하여 투입해야 한다.

과·채음료의 경우, 단맛(당도)과 신맛(산도)의 밸런스가 전체적인 풍미를 좌우한다. 이를 원하는 방향으로 설계하기 위해, 단맛을 더해 주는 감미료 그리고 신맛을 보완해 주는 산미료를 추가로 사용하기도 한다. 과·채음료에 주로 설탕, 과당, 포도당, 올리고당, 당알코올 등을 감미료로 사용한다. 산미료는 구연산, 사과산, 주석산을 사용하며 각 산미료별 산도, pH, 맛이 다르기 때문에 과실음료의 종류에 따라 적절히 배합해 이용한다. 그 외 주스/음료의 풍미를 부스팅, 유지시켜 주는 향료를 투입하거나 갈변 혹은 산화를 억제하는 목적으로 L-아스코르빈산 및 나트륨염을 추가하기도 한다. 배합액을 제조한 뒤, 탈기하여 가능한 공기와의 접촉을 줄여 살균을 진행한다. 이후 냉각하여 패키지(캔, 병, 컵 등)에 충진 후 포장하여 제품으로 생산된다.

과채주스 및 음료의 경우, 관능검사는 중요한 검사 항목이다. 원료별 이미·이취가 없는지, 색상은 정상인지, 탁함이나 이물질이 없는지 등을 체크해야 한다. 색조 관리의 경우, 색차계를 이

용해 색조의 명도와 색도값을 도출하여 검사 시 참고한다.

또한, 제품의 이화학적인 규격을 설정하여 당도, 산도, pH가 규격치가 되는지 체크하며, 식품 공전 근거 미생물, 보존료 등의 규격이 적합하도록 관리한다.

4. Q&A

Q1. 착즙 주스(NFC)가 더 좋은 주스일까요?

농축 환원 주스(From Concetrate)는 농축액에 물을 첨가하여 환원하며, 당도를 조절한 주스이다. 착즙 주스(Not From Concenctrate, NFC, 농축시키지 않은)는 100% 과일을 착즙한 원액으로 제조한 주스이다.

우리가 일반적으로 흔히 볼 수 있는 주스는 농축 환원 주스인데, 농축 환원 주스는 가격경쟁력이 있는 경우가 많다. 그 이유로 유통 비용을 예로 들 수 있다. 과일을 원과 그대로 보관하는 것보다 착즙해서 보관하는 것이, 착즙해서 보관하는 것보다 농축해서 보관하면 부피가 줄어든다. 즉, 부피의 감소로 유통 비용을 매우 효과적으로 감소시킬 수 있다.

농축 환원 주스가 효율성의 장점을 가진다면, 착즙 주스는 농축액을 사용하지 않고 원과에서 그대로 착즙하여 주스를 제조한다. 그렇기 때문에, 농축액을 만드는 과정에서 발생하는 영양소 파괴 및 향기 성분 증발을 최소화할 수 있다는 장점이 있다. 가격을 고려하지 않는다면 착즙 주스가 더 풍부한 맛과 영양소를 가지고 있다.

🔍 농축 주스와 착즙 주스의 차이

구분	농축 환원 주스	착즙 주스
차이	과즙 농축액에 물을 첨가하여 제조	100% 과일을 착즙한 원액으로 제조
원재료 함량 예시	정제수, 농축 과즙, 천연 향료, 구연산, 비타민C	착즙액(과일) 100%
특징	농축하는 과정에서 영양소 파괴 및 향기 성분 증발	착즙액을 살균하고 용기에 담아 포장, 유통

농축 주스는 농축액을 만들 때 한 번, 제품을 만들 때 유통 시 미생물의 감소를 위해 한 번, 총 두 번의 가열 공정을 거치게 되고, 착즙 주스는 제품을 만들 때 한 번의 가열 살균을 하게 된다. 이 과정에서 영양과 향기 성분의 손실이 발생한다.

최근에는 이를 보완하여 과일 본연의 맛을 살린 주스를 만들기 위해 가열하지 않고 냉동으로 유통하는 착즙 주스를 선보이고 있다. 또한 냉장 착즙(Cold pressed) 후 초고압살균(High Pressure Processing, HPP)을 통해 열처리를 최소화한 주스도 개발되어 판매되고 있다.

Q2. 같은 오렌지주스인데, 소비기한이 천차만별인 이유는 무엇일까요?

제조사	제품명	제품사진	소비기한
롯데칠성 음료	델몬트 오렌지 드링크		6개월
해태htb	썬키스트 훼미리 헬시 오렌지		9개월
서울우유 협동조합	아침에주스 오렌지		15일

겉보기에 같은 오렌지주스처럼 보여도 제조 업체가 선택한 가공법에 따라 유통기한이 서로 다를 수 있다. 주스의 경우 산소나 온도에 의해 비타민이 손실되거나 세균 또는 곰팡이가 발육되고 색이나 맛, 그리고 탁도 등의 특성이 변하는 시점을 기준으로 유통기한을 설정하게 된다. 따라서 같은 오렌지주스라도 제조 공정, 포장 재질 및 포장 방법, 저장 및 유통 방법에 따라 소비기한이 달라질 수 있다.

최근 원물 자체와 최대한 유사한 상태의 주스를 선호하는 소비자 트렌드로 인해 비가열 살균 방식과 콜드 체인 유통 방식을 사용하는 제품들이 크게 늘어났다. 따라서 적용되는 기술에 따라 소비기한이 크게 차이가 생긴다. 대표적으로 가열 대신 6,000바(bar) 정도의 높은 압력을 이용하는 초고압살균(HPP, High Pressure Processing)이 비가열 살균법으로 사용되고 있다. 이 외에도 다양한 살균법들이 계속 연구되고 있기 때문에 주스의 소비기한은 앞으로 더 다양해질 수 있다. 게다가 경쟁사의 제품보다 더 신선하고 안전한 제품을 공급한다는 이미지를 만들기 위해 전략적으로 유통기한을 줄여서 판매하는 업체도 존재하기 때문에 소비기한은 제품별로 다양할 수밖에 없다.

Q3. 직접 만들어 먹는 주스랑 사 먹는 주스랑 차이는 무엇일까요?

	사 먹는 주스	직접 만들어 먹는 주스
제조 방식	- 농축 환원 방식(From Concetrate): 착즙액을 여과, 고온 살균, 농축한 농축액을 희석하여 만드는 방식 - NFC 방식(Non From Concetrate): 착즙액을 여과 및 저온 살균 후 농축하지 않은 NFC 방식 - 초고압 방식: 착즙액을 초고압으로 살균하여 가열하지 않은 방식	- 분쇄 방식: 갈아서 먹는 방식 - 착즙 방식: 착즙기로 짜서 먹는 방식 * 살균, 농축 등의 공정이 별도로 없으며 개인마다의 여과 공정을 다양화할 수 있음
특징	농축, 살균 등의 가열 공정을 거치기 때문에 비타민, 미네랄과 같은 영양소들이 일부 파괴되며 과즙 성상 변화도 일어남	살균 등 가열 공정을 거치지 않았기 때문에 영양소 파괴가 적음
	살균 공정을 거치기 때문에, 미생물학적 문제(소비(유통)기한)에서는 안전함	살균 공정을 거치지 않았기 때문에 보관 기간이 짧음.(즉시 음용 권장)

착즙 방식은 말 그대로 즙을 짜내는 것으로 착즙기를 이용하여 고형물들은 대부분 제거된다. 분쇄 방식은 믹서기로 갈아 내서 원물의 영양소를 모두 그대로 섭취할 수 있다.

착즙기는 고형물들이 제거되고 원액만 남은 형태이기 때문에 불용성 식이섬유(섬유질)의 함량이 비교적 적다. 일부 수용성 식이섬유를 제외한 대다수의 불용성 식이섬유(섬유질)가 제거되기 때문이다. 식이섬유는 배변 활동에 도움이 되는 성분으로 알려져 있다. 식이섬유가 풍부한 것은 배변 활동에 도움을 주기 때문에 장점이 되기도 하지만, 단점이 될 수도 있다. 예로 장이 약한 사람의 경우, 갈아 먹는 주스를 먹은 뒤에 식이섬유로 속이 더부룩한 현상을 경험했다면 착즙 주스로 비교적 편히 음용할 수 있을 것이다.

착즙 방식의 주스는 분쇄 방식 대비 영양소(수용성 등)를 많이 함유할 수 있다. 착즙이 농축 과정은 아니지만, 즙을 짜내 고형분이 제거되면 부피가 줄어들기 때문에 같은 양의 주스에서 비교적 많은 영양소(수용성 등)를 함유할 수 있다.

Q4. 주스별 영양소는 얼마나 포함되고 있을까요?

구분	오렌지 (과일 원물)	S社 OOO주스 (식품 유형: 과채주스)
사진		
영양성분 (비타민C)	영양 성분(비타민C) : 46mg (100g)	영양 성분(비타민C) ① 보증 값: 60mg (210ml) 이상 ② 실제 값(소비자원): 74.7mg (200ml) *소비자원에서 200ml로 환산함

우리나라에서 주스로서 가장 인기가 많은 오렌지 주스의 경우, 대표적인 영양 성분으로 비타민C를 꼽을 수 있다. 위의 표를 살펴보면, 오렌지 100g당 비타민C는 46mg이 들어 있는데, 실제 값(소비자원) 기준 오렌지 주스 100ml에 비타민C 약 37mg 함유하고 있다. 제품마다 영양 성분은 다르겠으나, 상기 제품 기준 125ml의 오렌지 주스를 섭취하면 오렌지 과일 100g과 유사한 비타민C(46mg)를 섭취할 수 있다.

Q5. 주스의 친환경 인증(유기농)이나 어린이 기호 식품 인증들의 차이점은 무엇인가요?

친환경 인증은 합성 농약과 화학 비료 등을 사용하지 않고 재배한 농산물이나 이를 사용한 제품에 대한 인증을 말하며, 주스의 경우 유기 가공식품이나 무농약 원료 가공식품이 이에 해당된다. 친환경 인증을 받은 제품의 경우 제품 전면에 '유기농'이나 '무농약 원료' 등이라고 표시할 수 있다. 한편 어린이 기호 식품은 안전이나 영양, 첨가물 등에서 성인 대상 식품보다 품질 기준을 강화한 식품으로, 어린이용으로 구매 시 어린이 기호 식품 인증을 받은 제품을 추천한다.

🔍 어린이 기호식품 인증 제품 사례

제품명	풀스키친 마시는 샐러드 그린	
사진		
제조원 / 유통원	엠에스씨 / 풀무원 푸드머스	

🔍 친환경 농축산물 인증 제도

· 친환경 농축산물 인증 제도란?
: 정부가 지정한 전문 인증 기관이 엄격한 기준으로 선별·검사하여 화학 자재를 사용하지 않거나 사용을 최소화한 건강한 환경에서 생산한 농축산물임을 인증해 주는 제도.

인증	친환경 농산물 인증		친환경 축산물 인증		-	-
	유기 농산물	무농약 농산물	유기 축산물	무항생제	유기가공식품	무농약원료 가공식품
마크	유기농산물 (ORGANIC) 농림축산식품부	무농약 (NON PESTICIDE) 농림축산식품부	유기축산물 (ORGANIC) 농림축산식품부	무항생제 (NON ANTIBIOTIC) 농림축산식품부	유기가공식품 (ORGANIC) 농림축산식품부	무농약원료 가공식품 (NON PESTICIDE FOODS) 농림축산식품부
기준	합성 농약과 화학 비료를 전혀 사용하지 않고 재배 (전환 기간: 최소 수확 전 3년)	합성 농약을 전혀 사용하지 않고 화학 비료는 권장 시비량의 1/3 이내 사용	유기 농산물의 재배·생산 기준에 맞게 생산된 유기 사료를 급여하면서 인증 기준을 지켜 생산한 축산물	항생제, 합성 항균제, 호르몬제가 첨가되지 않은 일반 사료를 급여하면서 일정한 인증 기준을 지켜 생산한 축산물	유기 농산물을 주 원료로 하여 제조·가공된 식품(원재료의 95% 이상이 유기 농산물 식품에 한함)	원료는 유기인증받은 원료와 무농약인증받은 원료를 사용할 수 있으나, 이 중 무농약 인증 받은 원료는 최소 50% 이상 사용해야 함
표시 방법	- 유기 농산물, 유기 축산물, 유기 재배 농산물 or 유기농 - 유기재배○○ (○○은 농산물의 일반적인 명칭), 유기축산 ○○, 유기 ○○	- 무농약, 무농약 농산물 또는 무농약 ○○ - 무농약 재배 농산물 또는 무농약 재배 ○○	- 유기 농산물, 유기 축산물, 유기 재배 농산물 또는 유기농 -유기 재배○○ (○○은 농산물의 일반적인 명칭) 유기 축산 ○○, 유기 ○○	무항생제, 무항생제 축산물, 무항생제 ○○ 또는 무항생제 사육 ○○	- 유기 농산물, 유기 축산물, 유기 재배 농산물 or 유기농 - 유기재배 ○○ (○○은 농산물의 일반적인 명칭) 유기 축산 ○○, 유기 ○○	- 무농약 원료 가공식품 - 무농약 원료 ○○ - 무농약 ○○ (으)로 만든 가공식품 - 무농약 ○○ (으)로 만든 ○○

🔍 어린이 기호 식품 품질 인증
: 안전하고 영양을 고루 갖춘 어린이 기호 식품의 제조, 가공, 유통, 판매를 권장하기 위해 식품 의약품 안전처장이 정한 품질 인증 기준에 적합한 식품에 대하여 인증을 해 주는 제도.

🔍 어린이 기호 식품 유형
: 어린이 기호 식품 중 과자(한과류 제외) 캔디류, 빙과류, 빵류, 초콜릿류, 가공유류 발효유류(발효 버터류 및 발효유 분말 제외) 아이스크림류, 어육 소시지, 과채주스·음료, 탄산음료, 유산균 음료, 혼합 음료 등

🔍 어린이 기호 식품 품질 인증 기준
1. 안전 기준
   - 식품 축산물 안전 기준(HACCP)에 적합한 가공식품
   - 모범 업소에서 만든 조리 식품
2. 영양에 관한 기준(1회 제공량 기준)
   - 단백질, 식이섬유, 비타민(A, B1, B2, C)무기질(칼슘, 철분)이 강화된 식품
   - 고열량 저영양 식품 제외
   - 당류 첨가 안 한 과·채주스
3. 식품 첨가물 사용 기준
   - 식용 타르 색소 사용 기준
   - 합성 보존료 및 기타 화학적 합성품 일부 사용 금지

5. 참고 문헌

1) (재)일본탄산음료검사협회, 최신소프트드링크스, 제3편 제조방법, 2003.
2) 식품의약품안전처, 식품공전, 제 5. 식품별 기준 및 규격, 9-3 과일·채소류음료.
3) 국립농산물품질관리원, 친환경농축산물 및 유기식품 관련 Q&A, 2016.
4) 농촌진흥청, 영농기술, 친환경농업, 인증제도안내,
   https://www.nongsaro.go.kr/portal/ps/psz/psza/contentMain.ps?menuId=PS03823
5) 식품산업통계정보, 식품산업 트렌드픽 과채음료, 2021.
6) 한상균, 엉뚱하고 유쾌한 망고송의 추억, 광고정보센터, 2009.
7) 마시즘, BUSINESS, 썬키스트 vs 델몬트… 그리고 따봉,
   https://masism.kr/3309
8) 롯데칠성음료 - 브랜드, 제품 등 관련 내용 및 이미지.
   https://company.lottechilsung.co.kr/
9) 해태htb - 브랜드, 제품소개 등 관련 내용.
   https://www.htb.co.kr/
10) 한국소비자원 - 오렌지 주스 보도자료.
    https://www.kca.go.kr/home/sub.do?menukey=4002&mode=view&no=1001619992&page=57

Part 5
소화가 잘되는
우유가 되기까지

Part 5.
소화가 잘되는 우유가 되기까지

1. 역사

현재(21년 하반기~22년 상반기), 국내의 우유 시장은 약 2조 444억 원 규모로 전년 동기의 2조 782억 원 대비 약 -1.6% 역신장하고 있다. 우유 시장은 다시 흰 우유 시장과 가공유 시장으로 나뉘는데 20년 상반기 기준 71.1%를 차지하던 흰 우유 시장은 21년에는 70.9%, 22년에는 68.8%로 점차 가공유에게 점유율을 잃어 가고 있는 추세이다.

1) 역사 속의 우유

흔히 우유를 서양에서 건너온 것이라고 생각하기 쉽다. 하지만 우리나라는 예로부터 소를 중요한 자원으로 여겼으며 따라서 우유도 독자적으로 음용하기 시작했다. 우유에 관한 기록도 문헌상에 남아 있다.

9세기에 편찬된 일본책인 《신찬성씨록》을 보면 "7세기 중엽 백제 사람 복상이 일본에 건너가 일본 왕에게 우유를 짜 바쳤더니 왕이 매우 기뻐하며 자손 대대로 우유 짜는 일을 맡아 궁중에서 일을 하게 했다."라고 기록되어 있다. 이를 보면 백제 사람들은 우유를 짜고, 마실 줄 알았다는 것을 알 수 있다. 또 《삼국유사》에는 락(酪)이라는 말이 써 있는데, 이 단어는 농축 유제품을 의미한다. 고려 우왕(1365~1390년) 때에는 국가 기관으로 우유소라는 목장을 운영하였으며 여기서 생산되는 우유는 왕실, 귀족 등 신분이 높은 사람들만 먹을 수 있었다고 한다. 이 우유소는 조선 시대까지 지속적으로 운영이 되었지만 여전히 특권층들만이 우유를 누릴 수 있었다. 한국에서 서식하는 한우는 젖의 양이 그리 많이 않았기 때문이다.

2) 우유의 현대화

　1902년, 대한 제국 시기에 우유의 현대화가 시작되었다. 농상공부의 기사로 있던 프랑스인 '쇼트'가 본국에서 홀스타인 젖소 11두를 도입, 지금의 신촌역 부근에서 사육하여 외국인을 상대로 우유를 판매하면서부터이다. 이것이 우리나라 최초의 상업적 우유 판매였다고 한다. 1915년에는 충남 성환에 생긴 목장을 시작으로 하여 강원도 평원군, 화양군 난곡면 등에서도 목장이 생겨 우유를 공급하기 시작하였지만 전체 소비량에 비하여 공급을 따라가지 못했다. 1937년, 최초로 대량 생산이 가능한 "경성우유동업조합"(현재 서울우유의 전신)이 생겼으나 많은 수요와 부자재의 수급 곤란 등으로 공급이 원활하지 못하였으며 이후, 6.25 전쟁 등으로 황폐화된 한국에서 우유는 여전히 사치품일 수밖에 없었다. 1962년, 서독을 방문한 박정희 대통령이 우유를 마시는 서독 학생들을 보고 "우리 국민도 우유를 한번 마음껏 마셔 보았으면 좋겠다."라고 뜻을 밝혔고 이에 독일 정부가 50달러의 차관과 젖소 200마리를 지원하여 현대적 낙농업의 기초를 마련하였다. 이후 낙농 기술의 발전과 유업체들의 설립(남양유업-1962년, 빙그레-1967년, 매일유업-1969년) 등으로 한국의 우유 시장은 급격히 성장하기 시작하였다.

2. 대표 제품 및 트렌드

1) 우유(시유, 가공유)

(1) 대표 제품

업체명 및 제품명		사진	설명
서울우유	서울우유 나 100%		체세포 수 1등급, 세균 수 1A등급을 달성한 우유로, 젖소의 건강 상태와 목장의 위생 상태를 보여 주는 두 가지 지표 모두 1등급(100%)을 의미하는 우유.
	서울우유		1A등급 전용 목장에서 생산한 원유만을 따로 모아 생산한 것으로, 원유 위생 등급 기준인 세균 수 기준 최상위 등급을 받은 원유.
매일유업	매일우유 오리지널		지방 함량을 전면에 표시하여 저지방 라인업을 구축. 세균 수 1A등급 원유를 사용했고, 돌려서 개봉하는 후레쉬팩을 적용한 우유.
	소화가 잘되는 우유		국내 최초로 막 여과기술(Ultra Filtration)을 사용, 미세한 필터로 유당만을 제거해 주는 우유 본연의 고소한 맛과 영양을 살린 락토프리 우유.
	상하목장 유기농 우유		엄격하게 관리되는 유기농 전용 목장 원유를 마이크로 필터를 이용해 우유 그대로의 맛과 영양은 지키면서, 유해 세균과 미생물만 99.9% 제거한 우유.
남양유업	맛있는우유 GT		남양유업의 GT공법(유지방을 작게 쪼개 고소함과 깔끔한 맛의 밸런스를 갖추며 7℃ 관리, 질소 충진을 통한 신선함 유지 및 다양한 내부 기준)을 적용한 우유.

가. 서울우유 나 100%

　서울우유협동조합의 나 100% 우유는, 1등급이 2개인 우유로 체세포 수 1등급, 세균 수 1A 등급을 모두 달성해야만 한다. 건강한 젖소일수록 우유에 체세포 수가 적게 나오기 때문에 젖소의 건강 상태를 보여 주고 세균 수가 낮은 우유는 목장의 위생 상태를 간접적으로 보여 주기 때문에, 이 두 가지 지표로 위생적인 목장에서 건강한 젖소에게서 나온 우유임을 표방한다.

나. 서울우유

　서울우유는 최근 1A등급 원유를 소구하기 시작했는데, 이는 1A등급 전용 목장에서 생산한 원유만을 따로 모아 생산한 것으로, 원유 위생 등급 기준인 세균 수 기준 최상위 등급을 받은 원유[2]를 말한다. 서울우유는 인터넷 온도 관리 시스템을 통해 전국 각 대리점의 냉장 온도를 최적으로 실시간 관리하며, 목장에서부터 고객까지 전 과정 냉장 유통으로 신선함을 보장한다. 또한 서울우유만의 전문 지정 수의사인 밀크 마스터들이 젖소 건강 상태를 철저히 관리해 원유 품질을 유지하고 있다.

다. 매일우유 오리지널

　매일우유는 우리나라 최초로 테트라팩을 도입하고, 멸균 우유를 생산하기 시작해 배송이 어렵던 도서, 산간벽지에서도 신선한 우유를 널리 확산시켰으며, 이를 통해 우리나라 우유 시장이 확산되었다. 또한 냉장, 멸균 우유뿐 아니라 최근에는 우리나라에서는 아직 해외보다 성장이 더딘 저지방 우유 시장에 뛰어들어 무지방, 1%, 2% 등 다양한 저지방 우유 시장을 확대하고 있으며, 기존의 삼각지붕 카톤팩 포장의 단점이었던 냄새가 쉽게 배는 포장을 개선하고자 후레쉬캡(뚜껑)을 적용하는 등, 다양한 새로운 우유를 선보이고 있다.

라. 맛있는 우유 GT

　남양유업의 맛있는 우유 GT는 갓 짜낸 우유의 참맛과 신선함을 살리고 잡미와 잡내를 제거하는 GT공법을 적용한 우유를 생산하고 있다. 맛있는 우유 GT는 세균 수 1A등급, FDA품질

---

2 원유 등급 기준

| 체세포 수 | 1등급: 20만 미만 개/ml
2등급: 20만 ~ 35만 미만
3등급: 35만 ~ 50만 미만
4등급: 50만 ~ 75만 이하
5등급: 75만 초과 | 세균 수 | 1A등급: 3만 미만 개/ml
1B등급: 3만 ~ 10만 미만
2등급: 10만 ~ 25만 미만
3등급: 25만 ~ 50만 이하
4등급: 50만 초과 |

기준 120가지를 통과했으며, GT(Good Taste) 공법을 사용한다. 맛있는 우유 GT에 대해 살펴보면, 유지방을 작게 쪼개 고소함과 깔끔한 맛의 밸런스를 맞추고, 원유 보관 관리 기준을 7℃에 맞추며, 특허 받은 100% 질소 충진으로 공기와 접촉을 차단하여 신선함을 살린다. 또한 진공 상태에서 잡맛과 잡내를 뽑아내 우유 본연의 맛을 살리며, 맛의 완성도를 높이고자 내부 45가지 기준을 통과한 후 출고한다. 현재 냉장 우유 외에도 멸균 및 가공유를 통해 맛있는 우유 GT 제품군을 지속적으로 출시 중에 있다.

마. 상하목장 유기농 우유

매일유업의 유기농 전문 브랜드인 상하목장은 '자연에게 좋은 것이 사람에게도 좋다'는 브랜드 철학을 바탕으로, 자연에 가까운 유기농 원료를 사용하여 건강하고 안전한 제품을 제공하고 있다.

상하목장 유기농 우유는 까다로운 유기농 인증[3]을 받은 전용 목장의 우유를 미세 사이즈의 필터(MF)를 통해 인체에 유해한 세균과 미생물은 99.9% 걸러 내는 첨단 고급 필터 기술을 사용해 우유의 영양분은 그대로 살리고, 신선함을 유지하는 공법으로 만들어진다. 상하목장 유기농 우유는 국내 유업계 최초 안전관리 통합인증[4]을 획득하여, 위해 요소를 보다 체계적이고 중점적으로 관리하여 더욱 안전한 제품을 제공하고 있다.

상하목장은 유기농 우유뿐 아니라, 가공유, 발효유, 주스 등 다양한 카테고리로의 라인업을 강화하고 있다.

바. 바나나맛 우유

우리나라를 대표하는 No.1 가공유인 빙그레 바나나맛 우유는 1974년 급격한 산업화 시대에 출시된 만큼, 농촌을 떠나 대도시로 찾아온 도시 생활자들이 그리운 고향을 떠올릴 수 있게 만든 넉넉한 항아리 모양의 용기가 이제는 바나나맛 우유의 대명사가 되었다. 한결같은 맛으로 소비자에게 사랑받아 온 빙그레 바나나맛 우유는 국내산 원유를 85% 이상 함유해 신선하고 부드러운 맛으로 15년 연속 KBPI 브랜드 파워 1위에 오르고 있다.

---

3 유기농 인증: 젖소 한 마리당 초지 면적 916㎡ / 축사 17.3㎡ / 방목장 34.6㎡ 이상, 생활용수 이상의 깨끗한 물 사용, GMO/농약/화학비료 없는 유기농 목초와 사료 급여, 비유촉진제 사용 및 수정란 이식 금지, 동물의약품(항생제)은 가축의 질병 예방, 치료 외 사용금지 등을 모두 지켜야 받을 수 있는 인증 제도.

4 안전관리 통합인증: 원료부터 판매까지 모든 단계에서 위해 요소를 분석하고 관리하는 제도로, 목장, 집유, 가공, 물류의 전 단계 통합으로 HACCP 인증 네 개를 받아야 얻을 수 있는 더 깐깐한 위생 관리 제도.

한국을 넘어 세계에서 활약 중인 빙그레 바나나맛 우유는 딸기맛과 라이트를 필두로 바닐라맛 등 다양한 시즌 한정 플레이버를 선보이고 있으며 최근에는 빙그레의 다양한 SNS 활동의 중심에서 소비자들과 접하고 있다.

(2) 트렌드

가. 국내 대량 생산 우유의 탄생

1937년부터 1962년까지 한국의 모든 우유 생산을 담당했던 서울우유가 제조했다. 1962년부터 정부의 낙농 진흥 정책에 따라 1964년 남양유업, 1967년 빙그레(대일유업), 1969년 매일유업의 순서로 국내에서 우유 제조사들이 탄생하며, 대중화가 시작되었다. 우유의 최초 포장 용기는 유리병이었지만, 비닐 포장을 거치고, 발전을 거듭하며 카톤팩으로 발전했다.

나. 가공유로의 변천사

우유는 차갑거나 또는 뜨겁게 섭취해야 맛있게 섭취할 수 있다. 하지만 냉장 시설의 보급이 원활하지 않았던 시기에, 우유는 익숙지 않은 맛으로 외면을 받았다. 이러한 위기를 타파하기 위해 빙그레(대일유업)에서 1974년 '바나나맛 우유'를 출시하며 가공유 시장의 문을 열었다.

다. 멸균 우유의 등장

1974년 국내 최초로 멸균 우유를 출시한 매일유업의 경우, 멸균 우유 시장에서 두각을 나타내고 있다. 상하목장 유기농 멸균 우유, 소화가 잘되는 멸균 우유 등 다양한 제품을 출시하고 있으며 국내 최초 무균화 공정인 ESL 시스템을 적용하여 유통기한을 연장하였다.

라. 락토프리 우유 성장

유당 불내증 환자들을 위한 락토프리 우유의 첫 시작은 2005년 매일유업의 소화가 잘되는 우유부터 시작되었다. 소화가 잘되는 우유는 미세한 필터로 유당을 제거하는 막 여과 기술(Ultra-Filtration) 방식과 유당 분해 효소 처리 기술(유당을 글루코스와 갈락토스로 분해하는 방법)을 적절한 비율로 섞어 단점을 보완하고 우유의 고소한 맛을 그대로 살린 점이 특징이다. 이후 서울우유의 속편한 우유 락토프리, 남양유업의 락토프리 우유 등이 출시되었다. 국내외 유업계에서 주로 유당 분해 효소를 활용해 락토프리 우유를 생산하고 있으며, 이 경우 일반적인 우유 대비 단맛이 증가하게 된다.

(3) 광고

가. 흰 우유(시유)

회사	서울우유
제품명	서울우유
광고연도	2016
Key Copy	서울우유에서 시작합니다 체세포 속까지 1등 우유 나 100%
모델	바스 디 그루트 (밀크 소믈리에)
광고 스냅샷	
URL	

회사	매일유업
제품명	매일우유ESL
광고연도	2007
Key Copy	ESL 신선함을 부탁해
모델	N/A
광고 스냅샷	
URL	

Part 5. 소화가 잘되는 우유가 되기까지

회사	매일유업	
제품명	소화가 잘되는 우유	
광고연도	2022	
Key Copy	매출액의 1%를 (사)어르신의 안부를 묻는 우유 배달에 기부하여 마시는 것만으로도 기부가 되는 착한 우유	
모델	N/A	
광고 스냅샷		
URL		

회사	남양유업
제품명	맛있는우유 GT
광고연도	2023
Key Copy	산소제거 GT공법
모델	김세정
광고 스냅샷	
URL	

나. 가공유

회사	매일유업
제품명	바나나는 원래 하얗다
광고연도	2007
Key Copy	바나나는 원래 하얗다
모델	백부장
광고 스냅샷	
URL	

2) 발효유

(1) 대표 제품

업체명	제품명	사진	설명
hy	야쿠르트 라이트		1971년 출시된 '야쿠르트'의 라인업으로, 달콤새콤한 맛을 가진 국내 발효유의 대표 제품.
hy	헬리코박터 프로젝트 윌		2000년 출시한 대표적인 농후 발효유 제품으로, 위 질환 예방 콘셉트를 특화한 제품.
남양유업	불가리스		1991년 출시된 남양유업의 장수 브랜드로, 첫 농후 발효유로서 국내 시장을 개척한 제품.
풀무원다논	액티비아 플레인		10년 연속 세계 판매 1위 요거트 브랜드로, 장까지 살아 가는 다논 독점 공급의 프로바이오틱스와 프리바이오틱스, 아연 함유한 제품.

가. 야쿠르트 라이트

'야쿠르트'는 한국야쿠르트(hy)가 일본 야쿠르트와의 기술 제휴를 통해 1971년 국내에 처음 출시한 유산균 발효유 제품이다. 냉장고가 흔하지 않았던 시절, 야쿠르트는 냉장 보관이 필요한 특수 계층이 마시는 음료로 여겨졌으나 점차 야쿠르트 아주머니를 통해 길거리나 가정배달을 통해 편하게 만나 볼 수 있는 제품이 되었고, 현재까지도 노란 액상 발효유의 대표 제품으로 여전히 사랑받고 있다. 2020년 '야쿠르트'는 기존 야쿠르트보다 당 함량과 칼로리를 줄인 '야쿠르트 라이트'와 통합되었다. 특허 받은 프로바이오틱스 4종이 함유되어 있으며, '100억 CFU(Colony Forming Unit, 생균을 세는 단위)'로 100억 마리의 유산균을 보장하고 있다.

나. 헬리코박터 프로젝트 윌

2000년에 출시된 '헬리코박터 프로젝트 윌'은 위 건강에 도움을 주는 발효유 시장을 확대한 제품으로 평가받고 있다. 장 건강을 집중적으로 소구했던 발효유 시장에서 위 건강을 내세워 출시하여 엄청난 히트를 기록했다. 호주의 미생물학자인 배리 마셜(Barry J. Marshall)은 세계 최초로 위 질환의 원인인 헬리코박터 파일로리 (Helicobacter pylori) 배양에 성공했는데, 배리 마셜이 '헬리코박터 프로젝트 윌' 광고에 나오면서 소비자에게 신뢰와 전문적인 인식을 강하게 심어 주었다. 후에 배리 마셜은 2005년 노벨생리의학상을 수상하면서 '헬리코박터 프로젝트 윌'의 인기도 높아졌다. 현재 위 건강 특허유산균 HP7, 꾸지뽕잎 추출물, 위에 좋은 양배추 등 원재료가 포함되어 있으며, 오리지널 및 저지방 라인업으로 판매되고 있다.

다. 불가리스

1991년 출시된 불가리스는 출시 당시 시장에 판매되고 있던 일반 요구르트 대비 150ml 대용량에 100배 이상 많은 유산균을 포함하고 있다는 점을 소구하면서 고급 발효유로 출시되었다. 장수 국가로 알려진 불가리아의 유산균 발효유에 착안해 개발되었고, 변비로 고생하는 노승과 이를 기다리는 동자승의 모습이 담긴 CF로 대중 속에 '장 건강'에 대한 이미지를 재미있게 인식시키면서 대표적인 발효유 제품이 되었다. 현재 '불가리스'는 2400억 CFU 생유산균을 포함하고 있으며, 장내 환경 개선 및 장내 유익균 증가를 위한 '마이크로바이옴(Microbiome) 프로젝트'를 적용하고 있다는 점을 강조하며 사과, 복숭아, 딸기, 플레인 맛으로 판매되고 있다.

라. 액티비아

프랑스 식품 회사인 다논(Danone)의 '액티비아(ACTIVIA)'는 1987년 프랑스에서 출시되었고, 국내에서는 2009년 출시된 이후 2012년부터는 풀무원과 다논코리아의 합작 회사인 '풀무원다논'에서 제조, 유통하고 있다. 액티비아에는 다논이 국내에 독점 공급하고 있는 '액티레귤라리스'와 엄선된 프로바이오틱스 유산균을 함유하고 있으며, 면역 기능에 필요한 아연도 함유하고 있다. 플레인, 딸기, 블루베리 등 다양한 맛뿐 아니라, 산뜻하게 마실 수 있는 스무디, 오트와 아몬드를 사용한 떠먹는 요거트까지 다양한 라인업을 보유하고 있다.

(2) 트렌드

가. 새콤달콤한 '요구르트'의 시작

발효유의 대명사인 노란 '야쿠르트'는 1971년 한국야쿠르트가 일본 야쿠르트㈜와의 기술 제휴를 통해 만들어진 제품이다. 야쿠르트는 흔히 '야쿠르트 아줌마'로 불렸던 주부 판매 사원이나 가정배달을 통해 판매가 되었고, 노란색의 액상 발효유는 여러 유업체에서도 출시되면서 비교적 저렴한 가격과 새콤달콤한 맛으로 오랜 시간 사랑받아 왔다.

나. 어른을 위한 메디푸드, 기능성 전쟁

기존 발효유가 맛있는 아이들의 간식으로 소비되어 왔다면, 1990년대에는 파스퇴르의 '파스퇴르 요구르트', 남양유업의 '불가리스' 등 장 기능에 도움을 주는 기능성 발효유 제품이 성인 타깃으로 인기를 끌었다. 떠먹는 요구르트(호상 요구르트)와 구별되도록 '드링크 요구르트'로 불리던 발효유 제품들은, 떠먹는 요구르트 대비 편리하면서 유산균이 풍부하다는 점, 그리고 서구화된 식습관이 대중화되면서 장 건강에 대한 소비자 니즈(needs)가 높아졌다는 점이 시장 성장에 원인이 되었다. 기능성을 강조하기 위해 각 제조사들이 차별화된 콘셉트를 제시하였는데, 노벨상을 탄 유산균 학자의 이름을 딴 한국 야쿠르트의 '메치니코프'는 콜레스테롤 수치를 낮춰 주는 효과를 강조하였고, 1997년 출시된 빙그레의 '욥 닥터 캡슐'은 유산균이 산에 약하기 때문에 캡슐에 들어가 장까지 살아서 간 후, 장에서 녹을 수 있다는 콘셉트를 제시하기도 하였다.

2000년대에는 한국야쿠르트의 '윌'이 출시되면서 위 질환 예방에 효과가 있는 발효유 시장이 형성되었다. 한국야쿠르트는 위장병의 원인균인 '헬리코박터 파일로리'를 억제시키는 유산균과 물질을 특허 출원해 소비자들에게 전문적인 이미지를 심어 주는 마케팅을 펼쳤다. 남양유업의 '위력', 매일유업의 '구트' 등 장에 좋은 발효유 시장은 포화되었다는 시장 판단하에, 위와 관련된 기능성 제품들이 앞다투어 출시되었고, 인삼, 인진쑥, 난황액 등 다양한 원재료를 바탕으로 특허 출원, 전문직 광고 등장 등 '메디푸드(medi-food)' 개념의 더욱 전문적이고 기능적인 마케팅이 진행되었고, 가정배달뿐 아니라 회사 배달 등을 통해 매일 건강을 지키는 성인을 위한 기능적인 음료로서의 포지션도 강화하였다. 이 외에도 장, 위뿐 아니라 '간'에 좋은 서울우유의 '헤파스', 한국야쿠르트의 '쿠퍼스' 등이 출시되면서 성인 남성에 특화된 제품들도 인기를 끌었다.

다. 더욱 친근해진 발효유

2000년대 중후반에는 맛과 콘셉트를 다양화하여 체중 관리 혹은 여성을 타깃으로 한 제품들이 출시되었다. 빨대에 꽂아 마시는 요구르트 한잔 콘셉트의 매일유업 '도마슈노 프리미엄 후르츠'(2006년 출시), 쾌변을 제품명으로 전면에 내세우면서 과일 과즙을 함유해 거부감 없이 맛있게 마실 수 있는 파스퇴르의 '쾌변 요구르트'(2005년 출시) 등이 시장에 판매되었다. 또한 기존 노란 요구르트와 차별화될 수 있도록 사이즈를 키우고 DHA 등 성분을 강화한 남양유업의 '이오', 비타민을 함유한 매일유업의 '엔요' 등 어린이용 요구르트 제품들도 고급화되었다.

2010년대에는 유산균 수는 농후 발효유 대비 비교적 적지만, 패키지나 음용감은 농후 발효유의 특성을 살리고 가격을 낮춰 소비자의 범위를 넓힌 푸르밀의 비피더스, 동원 F&B의 비피더스 명장과 같은 제품들이 출시되기도 하였다. 비교적 가격이 저렴한 발효유 제품 외에도, 기능적 가치를 넘어서 패키지나 소비자 TPO를 세분화해 고급화된 발효 유제품도 대거 출시되었다. 우유갑에 담긴 동원F&B의 '덴마크 드링킹 요구르트', 종이팩에 담은 매일유업의 '매일 바이오' 등은 휴대하기 편하고 맛을 다양화해 젊은 소비자층에게 다가갈 수 있었다.

다논(Danone)의 '액티비아', 핀란드의 '베네콜(Benecole)' 등 해외 브랜드도 국내 도입되면서 전반적으로 발효유 제품의 패키지가 고급화되었고, 소나 염소의 젖을 발효시킨 '케피어(Kefir)', 첨가물 없이 원유를 발효시킨 지중해의 '그릭요거트(Greek yogurt)'들도 상품화되며 대중화되었다. 기존 '프로바이틱스(Probiotics)' 외에 유익균의 증식을 돕는 '프리바이오틱스(Prebiotics)'에 대한 인지도도 증가하여, 프로바이오틱스와 프리바이오틱스를 모두 함유하고 있다는 점을 강조한 신바이오틱스(Synbiotics) 제품들의 포트폴리오도 확대되었다. 2016년도에는 편의점을 중심으로 빅사이즈 요구르트가 인기를 끌면서, 200~300ml 내외의 소위 '노란 요구르트'들도 온라인상에서 인기를 끌며 발효유 제품의 소비자 연령대와 활용 범위가 확대되었다.

라. Less로 건강하게

COVID-19를 기점으로 건강에 대한 소비자 관심도가 증가하면서, 최근 발효유에도 저당, 무당, 저지방, 무첨가 등을 강조한 제품들이 확대되는 추세이다. 식품 유형상으로는 유산균 음료로 분류되는 풀무원다논의 '오트요거트', 유산균 외에 단백질, 콜라겐 등 플러스 알파의 기능성을 부여한 발효유 등 건강함에 대한 소비자 인식 범위가 확대되면서 발효유 제품들도 다양화되었다. 또한 발효유가 단순히 유산균 섭취를 위해 마시는 것이 아니라, 얼려서 디저트로 먹거나(hy의 '얼려먹는 야구르트') 설탕이 첨가되지 않아 샐러드드레싱으로 뿌려 먹거나(풀무원다논 '동물복지인증목장 요거트'), 과일과 같이 즐기거나(풀무원다논 '액티비아 프로바이오틱 스무디'), 아침 식사 대용으로 섭취되는 등 다양한 TPO에 따라 즐기는 식품으로서 사랑받고 있다.

(3) 광고

회사	한국야쿠르트
제품명	윌
광고연도	2011
Key Copy	위에는 윌입니다 헬리코박터 프로젝트 윌
모델	배리 마셜 박사
광고 스냅샷	모든 균은 진화한다 위에는 윌입니다 헬리코박터 프로젝트 윌
URL	SCAN ME

회사	남양
제품명	불가리스
광고연도	2022
Key Copy	대한민국 대장 발효유 불가리스
모델	불가리스 × 와다다곰
광고 스냅샷	
URL	

3. 제조 과정

1) 정의

(1) 유가공품

유가공품류라 함은 원유를 주원료로 하여 가공한 우유류, 가공유류, 산양유, 발효유류, 버터유, 농축유류, 유크림류, 버터류, 치즈류, 분유류, 유청류, 유당, 유단백 가수 분해 식품, 유함유 가공품을 말한다. 다만, 커피 고형분이 0.5% 이상 함유된 음용을 목적으로 하는 제품은 제외한다.

(2) 우유류(*축산물가공품)

가. 정의

우유류라 함은 원유를 살균 또는 멸균 처리한 것(원유의 유지방분을 부분 제거한 것 포함)이거나 유지방 성분을 조정한 것 또는 유가공품으로 원유 성분과 유사하게 환원한 것을 말한다.

나. 식품 유형

① 우유: 원유를 살균 또는 멸균 처리한 것을 말한다. (원유 100%)
② 환원유: 유가공품으로 원유 성분과 유사하게 환원하여 살균 또는 멸균 처리한 것으로 무지유 고형분 8% 이상의 것을 말한다.

가공유류	정의	가공유류라 함은 원유 또는 유가공품에 식품 또는 식품 첨가물을 가한 액상의 것을 말한다. 다만 커피 고형분이 0.5% 이상인 제품은 제외한다.
	식품 유형	① 강화 우유: 우유류에 비타민 또는 무기질을 강화할 목적으로 식품 첨가물을 가한 것을 말한다. (우유류 100%, 단, 식품 첨가물 제외) ② 유산균 첨가 우유: 우유류에 유산균을 첨가한 것을 말한다. (우유류 100%, 단, 유산균 제외) ③ 유당 분해 우유: 원유의 유당을 분해 또는 제거한 것이나, 이에 비타민, 무기질을 강화한 것으로 살균 또는 멸균 처리한 것을 말한다. ④ 원유 또는 유가공품에 식품 또는 식품 첨가물을 가한 것으로 식품 유형 (1)~(3)에 정하여지지 아니한 가공유류를 말한다.

산양유	정의	산양유라 함은 산양의 원유를 살균 또는 멸균 처리한 것을 말한다. (산양의 원유 100%)
발효유류	정의	발효유류라 함은 원유 또는 유가공품을 유산균 또는 효모로 발효시킨 것이거나, 이에 식품 또는 식품 첨가물을 가한 것을 말한다.
	식품 유형	① 발효유: 원유 또는 유가공품을 발효시킨 것이거나, 이에 식품 또는 식품 첨가물을 가한 것으로 무지유 고형분[5] 3% 이상의 것을 말한다. ② 농후 발효유: 원유 또는 유가공품을 발효시킨 것이거나, 이에 식품 또는 식품 첨가물을 가한 것으로 무지유 고형분 8% 이상의 호상 또는 액상의 것을 말한다. ③ 크림 발효유: 원유 또는 유가공품을 발효시킨 것이거나, 이에 식품 또는 식품 첨가물을 가한 것으로 무지유 고형분 3% 이상, 유지방 8% 이상의 것을 말한다. ④ 농후 크림 발효유: 원유 또는 유가공품을 발효시킨 것이거나, 이에 식품 또는 식품 첨가물을 가한 것으로 무지유 고형분 8% 이상, 유지방 8% 이상의 것을 말한다. ⑤ 발효 버터유: 버터유를 발효시킨 것으로 무지유 고형분 8% 이상의 것을 말한다. ⑥ 발효유 분말: 원유 또는 유가공품을 발효시킨 것이거나 이에 식품 또는 식품 첨가물을 가하여 분말화한 것으로 유고형분 85% 이상의 것을 말한다.

2) 우유(흰 우유, 가공유) 제조 공정

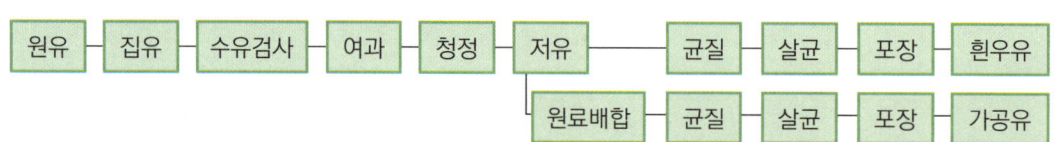

(1) 흰 우유

목장에서 착유한 원유를 탱크 트럭 차량으로 유업 회사의 공장으로 수송하는 집유 과정 후, 원유의 품질을 검사하는 수유를 거친다. 이때 검사는 색상, 응고, 향취 등 외관과 풍미 검사를 실시하며 비중, 주정 시험, 산도 측정, 이물질 혼입 검사, 원유의 조성분 분석 및 세균 수, 체세

---
[5] 무지유 고형분이란?
무지유 고형분(無脂乳固形分)은 "Solids Not Fat"로 약자로 SNF라고 표시한다. 우유는 약 88%가 수분인데, 나머지 약 12%를 전 고형분이라 부르며, 무지유 고형분은 여기에서 유지방을 뺀 고형분을 말한다.

포 수, 항생 물질 검사 등을 실시한다. 이후 이물질을 제거하는 청정화 단계를 거친 뒤, 품질 유지를 위해 냉각하는 저유 공정을 진행한다. 원유를 제품의 생산 목적에 맞게 성분을 조정하도록 표준화한다. 다음으로 지방을 균일하게 쪼개 주기 위해 균질 공정을 거치는데, 이는 우유의 소화 개선과 촉진 그리고 충전 후 지방구 부상을 방지하기 위함이다. 방법은 균질기 내 높은 압력에서 균질기 헤드의 좁은 구멍으로 우유를 밀어 내어, 구멍을 통과하는 순간 압력이 줄어들어 지방구가 미세하게 쪼개지도록 한다. 이후, 살균 혹은 멸균 처리를 한 뒤, 냉각하고 패키지에 맞춰 충전한다. 제품 검사 후 이상 없을 시 냉장(살균) 혹은 실온(멸균) 상태로 유지하면서 출하한다.

(2) 가공유

가공유는 원유 또는 유가공품을 원료로 하여 가공하는 것을 의미한다. 원유 또는 분유, 크림 등의 유성분 원료를 베이스로 하여, 초코우유는 코코아 파우더, 딸기우유는 딸기 과즙 등의 플레이버 원료를 더하면 유음료 제품으로 생산되며, 우유에 칼슘, 철과 같은 무기물 및 비타민 성분을 첨가한 강화우유로도 만들 수 있다. 이처럼 목적에 맞게 배합한 뒤 제품의 규격에 맞도록 표준화하고 상기 백색 우유의 처리 공정과 유사하게 지방구를 쪼개 주는 균질, 살균 혹은 멸균, 냉각, 충전 과정을 거쳐 제품이 생산된다.

3) 발효유 제조 공정

(1) 드링킹 요구르트(발효유)

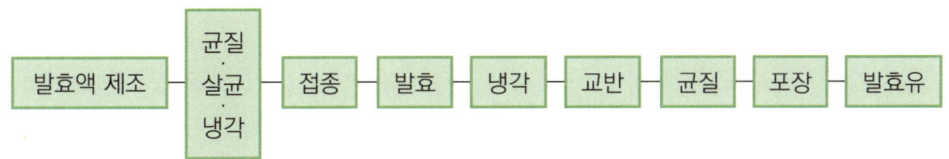

상기 백색 우유처럼, 발효유의 베이스가 되는 원료유도 표준화, 균질, 살균의 동일한 공정을 거치게 된다. 살균 후 발효에 적합한 온도(40℃ 수준)에 맞추고, 발효를 시작하기 위해 유산균

을 첨가해 준다. 유산균을 접종한 뒤 배양 온도에서 6시간 정도 배양되도록 하는 단기 배양 방법을 사용하거나 요구르트 풍미를 개선하고 기능성 유산균의 생육에 맞는 온도에서 더 길게 배양하기도 한다. 배양이 될수록 산이 생성이 증가되므로, pH를 기준으로 배양 정도를 확인 한다. 제품에 따라 다르나, 보통 배양액의 pH가 4.5 수준에 다다르면 배양을 종료하고 냉각을 진행하게 된다.

드링크 요구르트(Drinking yogurt)의 경우, 발효된 배양액이 균질 공정을 거쳐 요구르트 물성을 깨 액화시켜 포장 용기에 담게 된다. 상업적으로 판매되는 제품으로는, 매일 바이오 드링킹 요거트, 불가리스, 덴마크 드링킹 요거트 등이 여기에 속한다.

cf) 통상 '떠먹는 요구르트'라 지칭하는 호상 발효유는 드링크 요구르트와 동일한 공정을 거치지만, 사용되는 균주와 부재료 등을 달리하여 떠먹기에 적합한 점도를 가지도록 제조한다.

가. 발효유 유형 구분

무지유 고형분의 함량(%) 및 유산균 수에 따라 발효유, 농후 발효유 등으로 구분되어 제품의 유형에 맞도록 관리되어야 한다. 그 외 위해 미생물인 대장균군, 살모넬라, 리스테리아 모노사이토제네스, 황색 포도 상구균도 규격에 적합해야 한다.

항목	발효유	농후 발효유
무지유 고형분(%)	3.0 이상	8.0 이상
유산균 수	1ml 당 10,000,000 이상	1ml 당 100,000,000 이상 (단, 냉동 제품은 10,000,000 이상)

나. 유산균 수 보장(보장 균수)

위의 제품들은 유통(소비)기한까지 제품에 표시된 유산균 수를 보장한다는 의미이다. 10억 CFU, 100억 CFU를 유통기한 내, 보장하기 위해 적게는 2배에서 많게는 80배까지 보장 균수에 곱하여 투입한다. (배수는 생산 공정(공장)에 따라 차이가 있음)

또한, 제품의 보관 조건을 철저하게 지켜 주는 것이 좋다. 발효유의 경우, 냉장 보관, 유산균 분말의 경우, 서늘한 실온에서 보관하는 것이 좋다.

4. 현직자와 함께하는 Q&A

Q1. 우유를 꼭꼭 씹어 마시면, 소화가 더 잘되는 것일까요?

우유에는 12%의 고형분이 있지만 액상 식품이므로 다른 식품에 비해 고형분 함량이 현저히 낮다. 따라서 꼭꼭 씹어 침이 더 섞인다고 해서 소화가 더 잘될 것으로 보이지는 않으며 실제로 과학적 근거도 없다. 아마 유당 불내증을 몰랐던 시기에 일반적인 상식으로 더 많이 씹으면 소화가 더 잘될 것으로 생각한 것으로 보인다.

2015년 농진청에서는 '우유, 바로 알고 건강하게 드세요'라는 보도 자료를 냈다. "액체인 우유의 고형분 함량은 12%에 달하며, 고체인 수박(4%)보다 3배 많다. 우유를 천천히 씹듯이 마시면 침과 잘 섞여 체내에 잘 흡수가 되도록 돕는다."라는 내용으로 과학적 근거는 없다. 현재 이 자료는 농진청 홈페이지에서 지워진 상태이나, 2015년 이 내용을 보도한 뉴스들은 지금도 검색이 되고 있으며 이를 근거로 지금도 이 내용이 여기저기 방송이나 SNS에 인용되고 있다.

Q2. '소화가 잘되는 우유'는 어떠한 차이가 있을 것일까요?

소화가 잘되는 우유는 락토프리 우유로서 유당을 제거한 우유다. 유당으로 인한 배아픔, 복명(장이 꾸르거리는 소리), 방귀에 대한 불편함을 개선한 유당 분해 우유다.

락테이스(영어: lactase) 또는 락타아제 또는 젖당 분해 효소 또는 유당 분해 효소(乳糖分解酵素)는 소화 효소 중의 하나로, 젖당(유당)을 포도당(글루코스)과 갈락토스로 분해하며, 주로 소장에서 생성된 소화액으로 분비된다.

🔍 소화가 잘되는 우유의 유당 제거 공정

🔍 LF(락토프리) 공법

국내 최초로 막 여과 기술(Ultra Filtration)을 사용하여 미세한 필터로 유당만을 제거한 매일유업의 특허 공법으로 제조되게 된다. 이 공법의 특징은 유당은 제거되지만, 우유 본연의 맛과 영양은 그대로 살리는 것이 특징이다.

Q3. 원유, 환원유의 차이, 또한 환원유를 사용하는 이유는 무엇일까요?

환원유란 탈지분유를 물에 녹이고 유지방 등을 첨가해 우유와 유사한 조성으로 만든 가공유다. 우유자조금관리위원회의 '2020년 우유자조금 성과분석 연구' 보고서에 따르면 환원유에 대해서 알고 있는 소비자는 약 20%에 불과한 것으로 조사되었다.

구분	우유	환원유
정의	착유 후 적절히 살균된 우유	탈지분유에 물과 유지방 등을 첨가해 만든 백색 가공유
영양소 차이	영양소 파괴를 최소화하여 살균	탈지분유 제조 과정에서 열을 가해 우유 대비 영양소가 파괴되기도 함
맛 차이	진하고 고소한 맛	물 탄 맛, 밍밍한 맛

환원유는 수분과 지방을 제거한 분말 상태의 탈지분유를 사용하기 때문에 원유보다 저렴하다. 하지만 원유보다는 맛이 떨어지기 때문에 설탕, 향료 등이 추가되기도 하며, 딸기 맛, 바나나 맛 우유와 같은 가공유에 많이 사용한다. 우리나라의 대부분의 가공유 제품에 포함된 원유 함량은 30~40%이고, 원유가 아예 포함되어 있지 않고 환원유로만 만든 제품도 다수 존재한다.

즉, 영양을 생각한다면 흰 우유를 마시는 것이 좋고, 개인 기호에 따라 다를 수 있으나 맛을 생각해서 원유 함량이 높은 가공유를 선택하기도 한다.

Q4. 멸균 우유와 살균 우유의 차이점은 어떤 것이 존재할까요?

우유는 살균 방식에 따라, 멸균 또는 살균 우유로 나누어지게 된다. 두 우유의 차이는 살균 온도 및 시간의 차이에서 비롯된다.

살균 우유는 황색 포도상 구균, 장염 비브리오균 등 병원성 미생물들을 없앤 것이고, 일부 균들이 살아있기 때문에 냉장 유통을 한다. 이 과정에서 유익균들과 비타민들이 더 많이 있다는 것이 살균 우유의 특징이다. 반면에 모든 미생물을 죽이는 멸균 우유는 상온에서도 유통이 가능하다. 하지만 이 과정에서 유익균과 비타민이 더 많이 파괴된다.

이와 같이, 살균 우유와 멸균 우유의 영양소 차이는 열에 약한 비타민과 유익균에 있다. 하지만, 칼슘과 같은 무기질, 단백질과 같은 영양소들은 열에 의해서도 파괴되지 않고 우리 몸에 영양을 공급해 줄 수 있기 때문에 전체적으로 보면 멸균 우유도 우리 몸에 좋은 영양 식품이라고 할 수 있다.

또한, 멸균 우유는 높은 열을 받는 과정에서 우유 특유의 향미가 휘발되기도 하고, 가열로 인해 단백질 등의 성분들이 변화되어 고소한 맛, 분유 맛 등이 나타나기도 한다. 이러한 이유로 우유의 향미를 크게 느끼는 사람에게는 밍밍하게, 가열 반응으로 생기는 맛 성분을 크게 느끼는 사람은 고소한 맛으로 느껴지는 것이다.

	멸균 우유	살균 우유
가공 방법	135~150°C, 3~5초간 멸균 후 무균 포장(특수 용기) 모든 미생물 사멸	63~65°C, 30분 내외 살균, 72~75°C, 15초 내외 살균, 130°C, 2~3초간 살균, 일부 병원성 미생물만 살균
보관 기간	0~35°C 실온 조건에서 1개월 이상 장기 보관 1년이 넘어가는 제품들도 있음	0~10°C 냉장 조건에서 10일 이내 단기 보관
영양학적 차이	유익균 사멸 비타민 파괴 칼슘, 단백질 등은 보존	유익균 함유 비타민 파괴 최소화 칼슘, 단백질 등은 보존
보관 방법	개봉 후 냉장 보관 및 10일 이내 마셔 줄 것	구매 후 냉장 보관 유통기한 이내에 마셔 줄 것

Q5. 저지방 우유, 무지방 우유는 일반 우유와 어떤 영양 성분의 차이가 있을까요?

'유지방'은 우유로부터 얻은 지방을 말하며 일반적으로 원유에는 지방이 4%가량 함유되어 있다. 우유는 원유를 청정, 살균 처리한 후 균질 과정을 거쳐 3~4% 정도의 유지방 함량으로 맞추어 판매된다.

제품명		매일 우유 오리지널 3.4%	매일우유 저지방 2%	매일우유 무지방 0%
사진				
영양 성분	열량(kcal)	120kcal	95kcal	60kcal
	탄수화물(g)	9g	9g	9g
	당류(g)	9g	9g	9g
	단백질(g)	6g	6g	6g
	지방(g)	6.8g	4g	0g
	트랜스지방(g)	0.5g 미만	0g	0g
	포화지방(g)	4g	2.5g	0g
	콜레스테롤(mg)	25mg	20mg	5mg 미만
	칼슘(mg)	200mg	200mg	200mg
	나트륨(mg)	100mg	95mg	100mg

청정 공정 중 원유를 강력한 원심 분리 장치 등을 사용할 때 유지방이 원심력으로 인해 밖으로 빠져나오게 된다. 이때 분리된 유지방의 양을 조절해 일반 우유, 저지방 우유, 무지방 우유를 만들게 된다. 식품 공전에 따르면 우유류의 유지방 규격은 3.0% 이상을 기준으로 하고 있으며 저지방 우유 제품은 0.6~2.6% 기준, 무지방 제품은 0.5% 이하로 정하고 있다. 분리한 유지방은 버터나 치즈를 만드는 데 사용된다.

우유에 함유된 지방이 열량에 큰 비율을 차지하기 때문에(지방 1g당 9kcal) 무지방 우유는 일반 우유의 절반 정도의 열량이며 지방 함량이 낮을수록 열량이 낮아진다. 지방 함량을 제외한 단백질, 비타민 함량은 비슷하다. 유지방은 우유의 맛을 구성하는 주요 역할을 하기 때문에 지방 함량이 적어질수록 물을 탄 것처럼 우유의 맛이 연하게 느껴질 수 있다.

Q6. 프로바이오틱스(Probiotics), 프리바이오틱스(Prebiotics)의 차이점은 무엇일까요?

프로바이오틱스는 '충분한 양을 섭취하였을 때 안전하고 건강에 도움이 되는 미생물(생균)'을 말한다. 이 미생물들은 인체의 장내 미생물 균형을 개선하거나 면역계를 활성화시키는 균들이며 미생물 자체로 먹어도 안전한 것들을 말한다. 가장 흔하게 볼 수 있는 균주는 락토바실러스와 비피도박테리아이다. 이 균주는 인체로부터 분리한 프로바이오틱스균으로 정장 작용, 병원성 세균 억제 등 유익한 작용을 한다. 프로바이오틱스는 식약처에 고시된 것 이외에도 현재 안전성 평가를 거치며 계속 새로운 균주들이 추가되고 있다.

프리바이오틱스는 인체에 유익한 역할을 하는 프로바이오틱스의 먹이로 사용되는 식품 성분들을 말한다. 프리바이오틱스는 위산에 저항하며 인체의 소화관에서 소화되지 않고 장관까지 도달하여, 장관 내 프로바이오틱스에 의해 먹이로 사용된다. 주로 식이섬유, 난소화성 말토덱스트린, 프락토올리고당, 갈락토올리고당 등 다당체를 말한다.

Q7. 가공유를 먹어도 영양소 보충이 가능할까요?

평소 아침 식사 겸, 다이어트 등 건강을 위해 우유를 드시는 분들이 많다.

원유 100%인 흰 우유에서는 탄수화물, 단백질과 지방 등 열량을 내는 영양소뿐만 아니라 칼슘, 인, 비타민 등이 풍부하게 들어 있어 성장기 발육을 돕는 것은 물론 뼈와 치아를 튼튼하게 하여 골다공증을 예방한다.

하지만 가공유는 원유 100%가 아닌 '원유 또는 유가공품을 원료로 하여 다른 식품 또는 식품 첨가물 등을 가한 후 살균 또는 멸균 처리한 제품'을 말한다. 그렇기 때문에 우리가 흔히 마시는 바나나 맛, 커피 맛 등의 가공유는 일반적으로 우리가 아는 흰 우유 즉, 원유 100% 제품보다 단백질이나 칼슘 등의 영양 성분에서도 함량 차이를 보이고 있으며 상대적으로 적게 들어 있는 것으로 나타난다.

그렇다면 소비자의 건강과 마케팅 목적으로 원유 함량 100%인 가공유 제품을 만들면 되지 않을까 생각할 수 있다.

하지만 제품의 원가, 제조 공정, 풍미 구현 목적 측면에서 원유 이외에도 환원유를 이용하여 가공유를 만들기도 한다. 앞서 Q3에서 언급하였듯이, 환원유는 수분과 지방을 제거한 분말 상태의 탈지분유에 물과 유지방 등을 첨가한 것을 말한다. 탈지분유를 제조하는 과정 중에서 열을 가해 칼슘과 비타민 등 각종 영양소 손실이 될 가능성이 있어 원유보다는 영양소의 함량이 적을 수 있다.

또한, 우유는 원유 100%만을 사용하지만, 가공유는 설탕 등의 감미료, 과즙, 코코아파우더 등의 원료가 포함되어 기호도를 높이기 때문에 우유 대비 당류, 칼로리 함량이 높을 수 있다. 그렇기 때문에 영양소를 골고루 섭취하기 원한다면 흰 우유(원유 100%)인 제품을 구입해서 섭취하는 게 좋고, 기호에 따라 가공유를 마실 경우 원유 함량을 확인하거나 영양 성분 내 탄수화물, 단백질, 지방, 당류, 칼로리 등을 체크하고 선택하는 것이 좋다.

Q8. 발효유(일반 식품), 유산균(건강기능식품)은 어떠한 차이가 있는 것일까요?

유산균을 어떻게 섭취하는 것이 좋을까? 그리고 우리가 즐겨 먹는 마시는 액상(음료) 타입의 발효유(매일유업/바이오 드링킹 요거트)와 분말 타입의 유산균(뉴트리/지노마스터)과 차이점은 아래와 같다. 물론 제형(액상, 분말 등)이 다르다는 점이 있겠지만, 유산균 수, 소비(유통)기한에 있어서 큰 차이가 존재한다.

제품명	매일 드링킹 요거트 플레인	지노마스터 더블마스터 장앤스킨
사진		
제품 설명	일반식품(농후발효유) 유산균 1,000억 CFU/200ml (소비기한: 12일)	건강기능식품(프로바이오틱스) 유산균 100억 CFU/350mg (소비기한: 18개월)

🔍 건강기능식품으로서 1일 권장 유산균 섭취량

식품의약품안전처가 권장하는 유산균 1일 섭취량은 1억~100억 CFU이다. 유산균의 기능성은 유산균 증식 및 유해균 억제, 배변활동을 원활하게 해 주는 등 장 건강에 도움을 준다.

🔍 유산균과 프로바이오틱스의 차이점

프로바이오틱스는 인간의 몸에 이로운 미생물을 통칭하는 말이다. 유산균은 아니지만 이로운 미생물도 있고, 유산균이지만 이롭지 않은 것도 존재한다. 그러나 프로바이오틱스 중에 가장 중요하고 영향이 큰 것이 유산균이기 때문에 일반 소비자 입장에서는 두 개가 큰 차이가 없다고 보는 것으로 생각하면 된다.

Q9. 국내 제조와 해외 수입 우유가 관능의 차이가 나는 이유는 무엇일까요?

최근 국내 원유(우유)가격이 상승함에 따라, 수입 멸균 우유를 찾는 소비자들이 늘어났다. 멸균 우유의 수입량을 살펴보면, 2016년 1,214톤에서 2021년 23,285톤으로 5년 사이 약 19배 이상 수입량이 증가했다.

국내에서 생산되는 대부분의 우유는 120~130℃사이로 살균하여, 냉장 유통되고 있으며 소비기한은 14~20일 정도이다. 해외에서 수입되는 멸균 우유는 135℃ 이상 멸균하여, 실온 유통하고 있으며, 소비(유통)기한은 6개월~1년이다.

🔍 살균 우유와 멸균 우유의 관능 차이를 발생하는 원인

첫 번째는 가열 온도에 따라 맛의 차이가 발생한다는 것이다. 앞서 Q4에서 언급한 것처럼, 살균 대비 멸균에서는 높은 열을 가해야 하는데, 이 과정에서 우유 특유 향미가 휘발되기도 하고, 가열로 단백질 등의 성분들이 변화되어 고소한 맛, 분유 맛 등이 나타나기도 한다.

두 번째는 국내에서 사육하는 대부분의 젖소는 사료를 먹이고, 해외(덴마크, 호주, 뉴질랜드 등)에서 사육하는 젖소의 경우, 방목을 하며 목초를 급여하는 경우가 많다. 이에 우유의 색상도 목초를 급여한 해외 우유가 진한 경우가 많다. (참고로 국내산 버터(서울우유 100% 버터, 상하목장 슬로우 버터 등)와 수입 버터(호주, 뉴질랜드 등)를 비교하면 확연한 차이를 알 수 있다.)

세 번째는 젖소의 품종에 따라서도 관능의 차이가 발생하게 된다. 젖소의 품종은 '홀스타인', '저지' 등 크게 두 가지로 분류되며 국내에서 사육하는 젖소는 대부분 홀스타인 품종이다. 저지 품종의 우유는 유지방 함량이 5% 내외로 유지방 함량이 3.7% 내외인 홀스타인 품종보다 더욱 고소하고, 부드러운 느낌이 난다.

앞서 말한 맛의 차이는 여러 원인들에 기인하고, 살균과 멸균에 따른 영양소 차이는 거의 없기 때문에, 자신의 기호에 맞는 제품을 선택하여 섭취하는 것이 좋다,

5. 참고문헌

1) 한영신, 식품 알레르기 교육 및 급식관리 매뉴얼, 서울특별시 식품안전추진단, 2010.
2) 매일유업, 특허청 10-18954640000 소화가 잘되는 우유의 제조방법, 2018.
3) 서울경제 디지털 미디어부, 저지방 바나나·초코우유, '단백질·칼슘함량' 2015.
   https://n.news.naver.com/mnews/article/011/0002642790?sid=102
4) 이지나, 내가 마신 우유에 '가짜 우유'가 숨어 있다?, 시사캐스트, 2023.
   http://www.sisacast.kr/news/articleView.html?idxno=38324
5) 식품의약품안전평가원, 건강기능식품 기능성 원료 프로바이오틱스 안전성 평가 가이드, 식품의약품안전처, 2021.
6) 고봉수 외 2명, 동결건조커피 제조에 적합한 유산균 균주 선발, 한국식품영양학회, 2016.
7) International Scientific Association for Probiotics and Prebiotics
   https://isappscience.org/for-clinicians/resources/probiotics/
8) 신영섭, 우리나라 발효유 산업의 역사, 한국식품과학회, 2021.
9) (재)일본탄산음료검사협회, 최신소프트드링크스, 제3편 제조방법, 2003.

Part 6
아기를 살린
식물성 음료

Part 6.
아기를 살린 식물성 음료

1. 역사

두유 음료는 RTD 음료 시장 내에서 3,757억 원의 매출(2021년 기준/닐슨 POS데이터 기준)을 차지하고 있다. 2011년 4천억 원 돌파 이후 지속적으로 신장하던 시장이었으나, 2018년을 기점으로 역신장 추세로 전환되어 현재는 연평균 -4%의 감소 추세를 보이고 있다. 하지만 두유는 여전히 식물성 음료 시장 내에서 굳건하게 그 자리를 지키고 있다.

1) 역사 속의 두유

한문으로는 두즙(豆汁)이라고 불리는 두유는 우리나라에서는 삼국 시대 말 또는 통일 신라 시대 때부터 식용되었다고 한다. 1236년에 편찬된 《향약구급방(鄕藥救急方)》에는 '목구멍의 마비 증상으로 갑자기 말을 할 수 없게 되었을 때 대두즙을 끓여 물고 있으라.'라는 내용이 있으며 《동의보감(東醫寶鑑)》에서도 '대두를 끓인 즙은 심히 냉하니 번열(煩熱)을 거두고 모든 약독(藥毒)을 풀어 준다.'라는 기록으로 보아 두즙 자체가 해독제의 역할을 해 온 것으로 볼 수 있다.

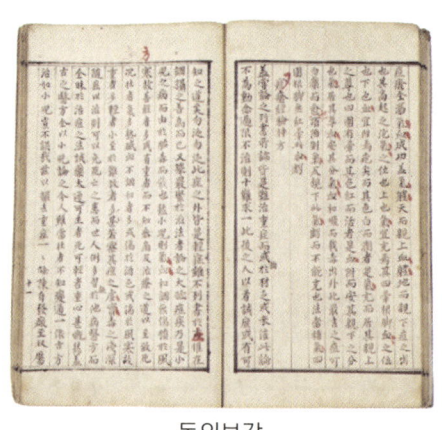

동의보감

두유라는 명칭은 조선 숙종 때 편찬된 《증보산림경제(增補山林經濟)》에서 처음 등장하는 것으로 보아 조선 중기 시절부터는 두유라는 명칭이 자리 잡은 것으로 보인다. 일제 강점기 시절에는 비싼 우유의 대용품으로 두유가 추천되었으나 제조와 유통 시설의 부족으로 널리 보급되지는 못하였다.

2) 두유의 현대화

1966년, 의사 정재원 박사가 개발한 두유는 국내 최초의 두유인 베지밀의 원형이 되었다. 1973년 정식품이 창업과 함께 출시된 베지밀은 한동안 국내에서 유일한 두유 브랜드였다.

정식품의 창립자인 고(故) 정재원 명예회장은 소아과 의사로 근무하며 모유나 우유를 마신 뒤 고통을 호소하며 심지어 사망에 이르는 환아들이 많은 것을 본 뒤 유학길에 올라 병의 원인과 치료법을 연구하기 시작했다. 그 원인이 모유나 우유 속의 유당 성분으로 인한 유당 불내증이라는 사실을 알아낸 뒤 아기 치료식 개발에 나서 아기들에게 충분한 영양을 제공할 수 있는 국내 최초의 두유 개발에 성공하였다.

하지만 1979년 동방유량(현, 사조해표 브랜드의 전신)에서 그린밀크를 출시한 뒤로 서주산업의 서주밀, 동아식품(현, 동아오츠카)의 썬듀, 롯데칠성음료료의 참두유, 매일유업의 매일밀 등이 출시되어 두유 시장은 다양화의 시대를 맞이하였다. 1985년, 업계 최초로 삼육식품에서 파우치에 담긴 두유를 출시하였고 선풍적인 인기를 끌어 삼육두유는 베지밀과 함께 시장을 양분하게 된다.

3) 두유 시장의 정체와 변화모색

순식물성 고단백 음료로 인기를 끌던 두유 시장은 1990년대 초반부터 저조한 신장율을 보이게 된다. 스포츠 음료를 비롯한 다양한 카테고리들이 시장에 등장은 물론 유업체의 적극적인 판촉으로 인하여 건강 음료라는 포지셔닝을 유음료 시장에 빼앗겼기 때문이다.

하지만 2002년 매일유업에서 "뼈로 가는 칼슘두유 검은깨" 제품을 출시하면서 검은콩 열풍과 함께 두유 시장은 제2의 전성기를 맞이하게 된다. 삼육두유의 "검은 참깨두유", 동원F&B '검은콩 두유', 연세유업 '검은콩두유' 등도 함께 검은 두유 시장을 이끌어 나갔으며 2004년 출시된 정식품의 "녹차 베지밀", 한국야쿠르트의 "녹차 두유" 등도 건강 두유 콘셉트로 시장에서 큰 인기를 끌었다.

4) 변화하는 식물성 음료

우유를 대체하는 식물성 음료로 '두유'가 각광을 받았지만, 새로운 소재를 활용하여, 대체 음료를 개발하고자 하는 노력들이 지속되었다. 이에 아몬드, 귀리 등 다양한 곡물을 활용한 제품이 출시되기 시작했다.

2016년에 매일유업과 블루다이아몬드와 파트너쉽을 통해 생산되는 아몬드 음료 "아몬드브리즈"를 시작으로 2021년 매일유업의 "어메이징 오트"가 대체 음료로 각광받고 있다.

2. 대표 제품 및 트렌드

1) 1세대 식물성 음료

(1) 대표 제품

업체명	제품명	사진	설명
정식품	담백한 베지밀A		1973년 출시된 두유 대표 제품. 달콤한 맛을 더한 '달콤한 베지밀B'도 있음.
삼육식품	삼육두유		1984년에 출시된 업계 최초로 파우치에 담은 멸균 상태의 원액 두유. 콩 아이콘과 은색의 상징적인 패키지 디자인을 가지고 있음.
웅진식품	아침햇살		1999년 세계 최초로 쌀을 사용한 곡물 음료로 특허 받은 제품. 쌀과 현미를 주원료로 하여 곡물 기반 음료 시장을 연 제품임.
밥스누	약콩두유		2015년 프로안토시아니딘이 풍부한 약콩을 활용하여, 서울대와 공동 연구 및 개발을 통해 만들어진 제품임.

두유는 크게 원료, 영양/성분 강화로 분류될 수 있다. 두유의 주재료로는 일반적인 콩(대두), 검은콩(서리태, 약콩 등), 견과류(아몬드, 호두 등) 등이 사용되고 있다. 유청 단백이 아닌 대두

단백을 추가해 단백질 함량을 높인 고단백 두유, 당이나 보존료 등을 사용하지 않은 무가당/무첨가 두유, 아미노산 종류나 칼슘 등을 강화하여 특정 소비자에게 특화된 시니어, 임산부 두유 등을 통하여 소비자에게 다양한 옵션을 제공하고 있다.

가. 베지밀

1967년 정식품의 정재원 명예 회장이 유당 불내증으로 힘들어하는 아이들을 위해 개발한 두유 식품이 시초이다. 베지밀은 채소(Vegetable)와 우유(Milk)의 합성어로 1973년 베지밀A가 출시되었으며, 말 그대로 국내에서 가장 대표적인 두유로 현재까지도 사랑받고 있다. 대두(콩)를 갈아 만들어 담백한 맛이 특징이며, 3대 영양소, 비타민, 칼슘, 아연 등이 함유되어 있는 균형 잡힌 영양 두유이다. 유리병, 테트라팩 등 다양한 패키지와 용량으로 판매되고 있고, 베지밀은 대표적인 정식품의 두유 브랜드로서 고단백 두유 검은콩, 프리바이오틱스 두유 등 다양한 라인업을 보유하고 있다.

나. 삼육두유

1975년 출시된 삼육식품의 삼육두유는 1984년 업계 최초로 '파우치' 타입의 두유를 출시했다. 원액 두유 94.5%로 콩의 고소하고 담백한 맛을 느낄 수 있으며, 이소플라본, 필수 아미노산, 불포화 지방산 등을 함유하고 있는 국내에서 아직까지 사랑받고 있는 대표적인 두유이다. 삼육두유의 특유의 은색 파우치와 콩 디자인은 두유의 시그니처 상징으로서 아이스크림, 웨하스 등 다양한 카테고리와 콜라보되면서 형상화되고 있다.

(2) 트렌드

가. 속 편하게, 우유 대신 두유

1973년 창립한 정식품은 우유 속 당인 유당을 잘 섭취하지 못하는 환자들을 위한 대체식으로 두유를 상품화하였다. 삼육두유는 1984년 파우치 형태의 두유를 출시하였으며, 두유에 전문성을 가진 두 업체를 위주로 국내 두유 시장을 확대시켜 왔다. 두유는 환자나 아이들을 위한 음료 외에도, 식이섬유 및 단백질 등 영양 가치가 높은 식물성 음료로서 아침 식사 대용으로도 사랑받아 왔으며, 우유 섭취 시 속이 불편한 성인들 대상으로도 많이 찾는 음료가 되었다.

나. Wellness drink

 2000년대 초반 웰빙(well-being) 트렌드를 타고 식물성 단백질에 대한 소비자 관심이 높아지면서 두유 시장이 활성화되며 일반 유업체와 음료 업체들도 두유 제품을 출시하게 되었다. 차별화를 위해 칼슘 등 영양 성분이 강화된 두유, 향을 첨가된 두유, 영유아, 노년층 등 타깃이 세분화된 두유 등 다양한 두유가 시장에 출시되었다. 특히 항산화에 효과가 있다는 사실에 검은색을 띈 '블랙 푸드(Black food)'가 인기가 많아지면서, 검은콩, 검은 참깨 등을 포함한 두유가 활발하게 출시되었다. 2002년 삼육두유의 '검은 참깨 두유', 매일유업의 '뼈로 가는 칼슘두유 검은깨' 등이 출시가 되면서 대두가 주가 된 일반 플레인 두유 시장보다 검은콩 두유 시장이 커지는 시장 변화를 이끌어 냈다. 또한 1999년 쌀을 기반으로 한 웅진식품의 '아침햇살'이 출시되면서 국내 곡물 음료 시장을 열었다. 아침햇살은 우유에서 유래된 성분을 일부 함유하고 있지만, '곡물'을 활용한 구수한 맛의 음료라는 점에서 소비자들에게 또 하나의 선택권을 제공한 제품으로 평가받고 있다.

다. MZ가 사랑하는 고소한 그 맛

 2000년대 활발하였던 두유 시장은 발효유, 과채 음료 등 대체제들이 많아지면서 시장 경쟁력 강화가 필요하였고, 2016년 매일유업은 기존 두유 라인업을 정비하여 '매일두유'를 출시하였다. 설탕이 없어 고소한 맛을 살린 '매일두유 99.9'는 저당 트렌드를 반영하였고, 고단백, 초콜릿 등 제품 다양화와 브랜딩을 통해 소비자에게 친숙하게 다가갈 수 있는 두유 포트폴리오를 구성하였다.

 오랜 시간 대표적 영양 음료로 인식되고 있던 두유는 2010년대 중반부터 '건강한 라이프스타일'을 가꾸기 위한 식습관으로서 두유의 형태와 활용 범위도 다양화되기 시작하였다. 서울대 기술 지주회사인 밥스누의 '소이밀크 플러스 약콩두유'는 약콩을 활용한 두유 시장을 확대하였다. 약콩은 쥐눈이콩, 서목태라고 불리기도 하는데 영양가가 풍부하여 제 2의 검은콩 우유처럼 인기 있는 두유 재료로 사용되고 있다.

 2020년대에는 레트로 열풍에 틈타 이른바 '할매니얼(할머니 세대가 좋아하는 맛을 좋아하는 밀레니얼 세대)' 트렌드에 따라 두유를 활용한 다양한 디저트 제품들도 출시되었고, 비건 옵션이 활발해지면서 스타벅스에서는 라떼 등에 우유 대신 두유 옵션을 제공하는 등 B2B 시장에서 두유 제품도 확대되고 있다.

(3) 광고

국내에서는 정식품의 베지밀과 삼육식품의 삼육두유가 두유 업계의 양대 산맥이다. 이 두 전문 업체 외에도 서울우유나 남양유업, 매일유업, 빙그레, 부산우유, 연세우유 같은 대부분의 유가공 업체들뿐만 아니라 롯데칠성음료, 광동제약 등에서도 두유 제품을 생산/판매하고 있지만 베지밀만큼 꾸준하게 광고하는 제품은 없다. (베지밀은 22년까지 신규 광고를 제작)

회사	정식품
제품명	베지밀 시니어 두유
광고연도	2022
Key Copy	영양맞춤 베지밀
모델	강석우
광고 스냅샷	
URL	

누구나 한 번쯤 "햇살 아침햇살, 아침╱햇살╲" CM송을 들어 봤을 것이다. 출시 이후 당대 톱스타들을 광고 모델로 하여 광고를 제작했는데 대표적인 예로 개그맨 강호동과 김국진, 배우 고소영, 송혜교, 이병헌이 모델이었고, 그중 송혜교가 모델로 출연한 광고가 반응이 가장 뜨거웠다.

회사	웅진식품
제품명	아침햇살
광고연도	2001
Key Copy	사랑하는 사이엔 언제나
모델	송혜교
광고 스냅샷	
URL	

Part 6. 아기를 살린 식물성 음료

2) 2세대 식물성 음료

(1) 대표 제품

업체명	제품명	사진	설명
매일유업 (블루다이아몬드)	아몬드 브리즈		미국의 아몬드 영농 조합인 블루다이아몬드에서 만든 아몬드 밀크로 우리나라에서는 2015년 4월부터 매일유업이 라이선스 형태로 국내에서 생산, 판매 중인 아몬드 밀크.
매일유업	어메이징 오트		매일유업에서 출시한 오트 음료로, 핀란드산 오트를 사용하여 베타글루칸(식이섬유)이 풍부하며, 지속 가능성을 고려한 멸균 패키지 및 종이 빨대, 식물성 소재 캡 사용. 총 3가지 플레이버로 오리지널/언스위트/바리스타 라인업 출시.
동서 (Oatly)	Oatly (오틀리)		동서에서 수입 판매하기 시작한 가장 대표적인 대체 우유 중 하나로, 1993년 스웨덴의 대체 우유로 특허 기술로 만든 귀리 베이스에 무기질(칼슘)과 비타민(D1, B2, B12)을 첨가하여 만든 식물성 음료.

'건강'과 '가치' 소비를 중시하는 소비자들이 늘어남에 따라, 막대한 양의 온실가스를 배출하는 우유 대신 식물성 대체 우유를 찾는 소비자들이 늘어나고 있다.

식물성 대체 우유는 콩, 아몬드, 귀리, 코코넛 등 식물성 원료에서 단백질, 지방을 추출해 우유 맛을 낸 음료로 유로모니터의 조사 결과에 따르면, 국내 대체 우유 시장 규모는 2016년 83억 원에서 2020년에는 431억 원으로 5배 이상 성장했으며, 귀리 우유 등 대체 우유 시장은

22% 성장할 것으로 전망한다.

우리에게 친숙한 베지밀을 비롯한 두유 또한 식물성 우유로 볼 수 있으나, 최근의 식물성 우유는 주로 아몬드, 귀리가 시장을 이끌고 있다.

가. 아몬드 브리즈

미국의 아몬드 영농 조합인 블루 다이아몬드에서 만든 아몬드 밀크로 우리나라에서는 2015년 4월부터 매일유업이 라이선스 형태로 국내에서 생산, 판매 중인 아몬드 밀크이다. 소비자들에게 가장 친숙한 대체 우유로, 언스위트, 바리스타 블랜드, 프로틴, 식이섬유, 오트 등 다양한 플레이버를 출시 중으로, 낮은 칼로리를 주로 소구한다.

나. 어메이징 오트

아몬드 브리즈를 판매하던 매일유업에서 출시한 오트 대체 우유로, 핀란드에서 수입한 오트로 식이섬유 등 영양 성분이 풍부하며 지속 가능성을 고려한 포장 채택 및 언스위트 제품과 커피 제조용 바리스타 버전 등 라인업을 출시했고 최근 성수동 팝업 스토어 등을 통해 소비자들에게 친근하게 다가가고 있다.

다. 오틀리(OATLY)

2020년 5월 동서에서 수입 판매하기 시작한 스웨덴의 대체 우유로 특허 기술로 만든 귀리 베이스에 무기질(칼슘)과 비타민(D1, B2, B12)을 첨가하여 만든 식물성 음료로 다양한 용량과 상황에 맞춘 오리지널과 바리스타 에디션 및 초코 플레이버를 선보이고 있다.

(2) 트렌드

가. 지속 가능한 세상을 위한 대체 우유

건강과 가치 소비를 추구하는 소비자들이 늘어나고, 지구 환경에 대한 우려 등으로, 식물성 대체 우유에 대한 인기가 나날이 높아지고 있다. 우유 1L를 생산할 때 3.2kg의 탄소를 배출하는 반면 아몬드 우유는 0.7kg, 두유와 귀리 우유는 약 0.9kg으로 비교적 적은 온실가스를 배출하는데, 이뿐 아니라 소를 키우기 위해 열대 우림을 불태우거나 벌채하고, 동물 사료를 재배하고 목초지를 유지하기 위해 많은 양의 물을 소비한다. 일반적인 우유는 1L당 628L의 물이 필요하지만, 같은 용량의 식물성 대체 우유인 아몬드 우유는 371L, 두유와 귀리 우유는 50L 미만의 물을 사용한다.

이런 친환경적 소비 활동 분위기와 비건 트렌드뿐 아니라 유제품을 섭취하면 속이 좋지 않은 유당 불내증 소비자들이 이러한 대체 우유 열풍에 반응하고 있다. 대체 우유는 이전부터 친숙했던 두유뿐 아니라, 10대 슈퍼 푸드로 불리는 귀리를 이용한 귀리 우유, 아몬드, 완두콩 등을 이용한 대체 우유 외에도 해외에서는 감자와 같은 생각지도 못한 대체 우유를 개발하고 있다.

식품산업통계정보(FIS)의 보고서에 따르면 전 세계 대체 우유 시장은 중국과 미국이 각각 전체 시장의 30.6%, 16.5%로 절반 가까이 차지했으며, 우리나라 대체 우유 시장은 전 세계 8위로, 2016년 약 4,660억 원에서 지난해 6,330억 원, 2026년에는 약 8,240억 원까지 성장할 수 있을 것으로 예상한다.

최근 국내에서는 다양한 브랜드의 대체우유가 런칭되고 있으며, 여러 개인 카페 및 프랜차이즈 카페 등을 통해 대체 우유를 사용한 음료들이 출시되고 있다. 스타벅스의 경우 커피 메뉴에 두유와 오트 밀크 등 2가지 식물성 대체 우유 옵션을 제공해 소비자들도 대체 우유에 친숙해지고 있고, 매일유업의 어메이징 오트의 성수동 팝업 스토어 행사 등으로 소비자들에게 더욱 친근하게 다가가고 있다.

나. 우유인 듯 아닌 듯, 감자부터 인공 우유까지

소비자들의 대체 우유에 대한 인지가 올라가면서 일차적인 단일 원료(귀리, 아몬드 등)를 사용한 대체 우유 외에도 더욱 우유와 유사한 식감 등을 구현하기 위해 다양한 원료를 배합해 생산하고 있다. CJ의 비건 우유 얼라이브, 카페에서 사용하는 우유를 본격적으로 대체하기 위해 밀크폼, 목 넘김, 바디감 등을 고려한 대체 우유 XILK 등이 그러한 예이다.

이렇게 국내에서 대체 우유가 확산 중이며, 우리나라보다 대체 우유에 대한 니즈가 좀 더 이른 시기부터 성장한 해외에서는, 귀리와 아몬드 외에도 다양한 원료와 방식으로 대체 우유를 개발하려는 시도가 끊임없이 진행되고 있다.

2022년 스웨덴 스타트업 '베그 오브 룬드(Veg of Lund)'에서 출시한 DUG는 영국에서 현재 판매 중인데, DUG는 이전까지 대체 우유 재료로 사용되지 않던 감자 베이스의 대체 우유로, 감자, 완두콩, 유채 씨를 사용해 시장 1위인 오틀리보다도 경쟁력이 있다고 설명하고 있다. 감자가 귀리보다 재배법이 간편하며 아몬드보다도 물을 적게 사용하고 탄수화물과 포화 지방 함량이 적어 건강에도 좋다는 것이 그 이유이다.

이러한 곡물류를 사용한 대체 우유 외에도 환경을 고려해 '비동물성(Animal-free' 혹은 '젖소 없는(Cow-free)' 인공 우유 또한 개발되고 있는데, 식물성 대체 우유가 우유의 맛과 향, 형태를 흉내 낸 제품이라면, 인공 우유는 동물에게서 얻지 않았을 뿐 우유 그. 자체로 최근 줄기세포 배양육과 유사하다고 생각할 수 있다.

인공 우유는 미생물에 소의 DNA 염기 서열을 주입한 뒤 발효 탱크에서 배양해 우유 단백질을 합성하는 것으로, 이렇게 만들어진 우유는 젖소에서 짠 우유와 동일한 성분인 카제인과 유청 단백질 등이 들어 있는데 유청 단백질이 없어 실제 우유와 맛이 다르고, 유제품을 만들 수 없는 식물성 우유와 구분되는 가장 큰 특징이다.

미국의 퍼펙트데이(Perfect Day)가 이 같은 방식으로 인공 우유 제조 분야를 선도하고 있으며, 다양한 식품 회사들이 이미 퍼펙트데이가 만든 우유 단백질로 아이스크림, 치즈 등 각종 유제품을 생산하고 있으며 SK에서도 투자를 진행했다. 퍼펙트데이는 아몬드브리즈, 어메이징오트 등으로 식물성 대체 우유 시장을 선두하고 있는 매일유업과도 협업해 조만간 유제품을 출시할 계획이라고 한다.

인공 우유 및 인공 우유 단백질을 활용한 유제품은 일반 제품 대비 30~40% 가격이 높은 편에 속하나, 제조 시 배출되는 온실가스의 양이 기존 우유의 1.2%에 불과해, 가치 소비를 중시하는 소비자들에게는 매력적인 대안이 될 수 있으며 기술의 발전에 따라 2~3년 내 일반 제품과 비슷한 수준까지 떨어질 것으로 보고 있다.

환경에 대한 우려가 높아지고 지속 가능성이 중요한 요즘, 이처럼 다양한 기업들이 다양한 원료와 기술을 사용해 대체 우유를 개발하고자 노력하고 있으며, 앞으로 어떤 방향으로 발전될지 기대된다.

(3) 광고

회사	매일유업
제품명	아몬드브리즈
광고연도	2022
Key Copy	채우다 비우다 아몬드브리즈
모델	이다희
광고 스냅샷	
URL	

회사	매일유업	
제품명	어메이징오트	
광고연도	2023	
Key Copy	새롭게 즐기는 비건오트음료	
모델	N/A	
광고 스냅샷		
URL		

3. 제조 과정

1) 정의

(1) 두유

항목	설명
정의	두유류는 두류 및 두류 가공품의 추출물이거나 이에 다른 식품이나 식품 첨가물을 가하여 제조/가공한 것으로 원액 두유, 가공 두유를 말함.
원료	식품 공전상의 식물성 원료로 분류된 두류를 이용한 것으로 강낭콩, 녹두, 대두, 동부, 렌즈콩, 리마콩, 완두, 이집트콩, 작두콩, 잠두, 제비콩, 팥, 피전피 등이 이에 속하며, 대부분 대두를 주원료로 많이 사용함.
두유액의 정의	두류를 주원료하여 얻은 두유액으로 원액 두유라고 칭함. 대부분 두유류 또는 두부류의 원료로 사용됨.
원액 두유	두류로부터 추출한 유액 (두류 고형분 7% 이상)
가공 두유	원액 두유나 두류 가공품의 추출액에 과일/채소즙 또는 유, 유가공품, 곡류 분말등의 식품 또는 식품 첨가물을 가한 것(두류 고형분 1.4% 이상) 또는 이를 분말화한 것. (두류 고형분 50% 이상)

(2) 아몬드/귀리

아몬드/귀리는 갈아 짜서 물과 혼합한 식물성 음료로, 원료를 물로 전처리하여 불린 껍질을 제거하여 식품 첨가물을 가하여 제조/가공한 것을 말한다.

2) 원료

식물성 음료의 대표적인 제품들은 콩으로 만들어지는 '두유'가 있다. 두유에는 제품의 콘셉트 및 타깃층에 따라 다양한 종류의 콩을 사용하고 있다.

콩의 분류 및 적용 제품			
대두	검은콩 (서리태)	쥐눈이콩 (서목태)	렌틸콩
우리나라 사람들이 즐겨 먹는 두부 및 두유 등에 가장 많이 사용됨.	블랙 푸드로 불리며, 안토시아닌 색소가 풍부하여 건강식품으로 알려짐.	검은콩보다 훨씬 작은 크기이며, 식용보다는 해독 작용을 도와주는 약콩(약재)으로 사용됨.	세계 5대 건강식품이며, 안경 렌즈와 같은 모양으로 렌즈콩이라고 불림.
정식품 '베지밀'	매일유업 '매일두유 검은콩'	삼육식품 '검은약콩'	정식품 '하루건강 칼로리컷 두유'

    시중에 유통되는 대부분의 두유 제품에는 '대두'가 사용되고 있다. 렌틸콩 등 원료의 단가가 매우 높게 형성되는 경우에는 '대두'와 '렌틸콩' 등을 함께 혼합하여 제품을 개발한다.

아몬드와 오트 분류 및 적용 제품	
아몬드	오트

불포화 지방산, 철분, 칼슘 등이 풍부하여 건강이 좋다고 알려져 있음. (알레르기가 있는 사람은 섭취에 주의가 필요함)	오트는 북유럽에서 주식으로 사랑받는 곡물로, 단백질, 필수 아미노산, 섬유질 등이 풍부하다. 밥 또는 오트밀로 사용되고 있음.

아몬드브리즈	어메이징오트

3) 제조 공정

(1) 두유

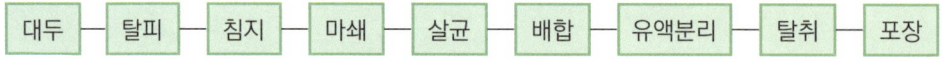

대두 → 탈피 → 침지 → 마쇄 → 살균 → 배합 → 유액분리 → 탈취 → 포장

 대두 표면에 부착된 토양이나 먼지 제거를 위해 탈피를 하는데 이때 대두의 씨눈줄기가 대부분 제거된다. 대두의 씨눈줄기에는 사포닌이나 이소플라본 등이 있는데 이런 성분들은 쓴맛이나 불쾌한 맛을 가지고 있다. 또, 대두에서 발생하는 대두취는 대두 고유의 유지 산화 효소에 의해 불포화 지방산들이 분해되어 생기는데, 이를 방지하기 위해 고온의 물로 침지하여 유지

산화 효소를 불활성화시킨다. 이후 맷돌과 같은 방식으로 대두를 분쇄하는데 거품의 발생을 방지하기 위해 소포제를 사용하기도 한다. 이후 당과 향료를 넣어 맛을 조절한다. 마쇄된 원액 두유는 변질이 매우 빠르게 진행되기 때문에 바로 열처리를 통한 살균 혹은 멸균 처리를 진행한다. 이는 침지와 함께 매우 중요한 공정으로 회사별로 맛과 품질에 큰 차이가 있다. 열처리 공정으로 변질 방지 및 고소한 맛을 증가시키기도 한다. 두유액에 포함된 비지 등의 찌꺼기를 제거하기 위해 유액 분리 공정을 거친다. 회사별로 고형분의 함량을 조절하거나 목 넘김을 좋게 하기 위해 2단 필터링 등을 운영하기도 한다. 이 공정을 거치지 않는 것을 통상 "전두유"라고 표현하고 있다. 대두의 이취를 추가로 제거하기 위해 진공 탈취 과정을 거치기도 하고 이후 무균 포장한다.

(2) 아몬드/귀리

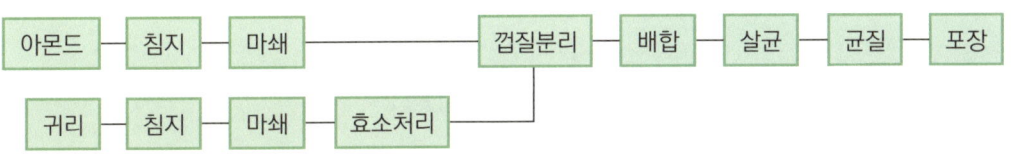

아몬드/귀리도 곡물 음료로 두유와 유사한 방식으로 제조된다.

먼저, 아몬드유는 아몬드를 갈아 짜서 물과 혼합한 식물성 음료로, 아몬드를 물로 불려 껍질을 쉽게 제거할 수 있도록 한다. 이후 곱게 분쇄하고 큰 입자 및 껍질은 제거한 뒤, 균질하여 아몬드유로 만들어진다. 이렇게 제조된 아몬드유에 유화제(레시틴 등), 안정제(젤란검, 잔탄검 등) 등을 첨가해 성상의 안정성을 높일 수 있다. 이후 예열, 균질, 살균(혹은 멸균), 냉각, 포장까지 연속된 공정을 거쳐 제조한다.

귀리유도 첫 번째 공정으로 귀리를 물과 혼합한 뒤, 분쇄한다. 이후, 귀리의 전분(maltose)을 분해하는 효소를 투입하여 더 작은 입자로 쪼개 제품을 자연적으로 단맛이 더 생성될 수 있다. 곡물의 껍질을 제거해 내는 분리 공정을 거쳐 귀리유가 제조된다. 귀리유는 베타글루칸, 식이섬유가 풍부한 것이 특징이다. 만들어진 귀리유로 제품의 특성에 맞도록 식물성 유지(채종유, 해바라기유 등), 산도 조절제(제삼인산칼슘 등), 유화제 등을 첨가하여 배합한다. 이후, 살균(혹은 멸균), 균질하여 입자를 균일하게 쪼개 준다. 냉각한 배합액을 제품의 패키지에 패킹하여 제품이 생산하게 된다.

4. 현직자와 함께하는 Q&A

Q1. 식물성 음료는 모두 비건이라고 말할 수 있을까요?

비건 인증은 동물성 원재료가 원재료 및 제조 과정에서 일체 포함되거나 이용되지 않고, 동물 실험도 하지 않았다는 것을 의미한다. 단순히 원재료에 동물 유래 원료가 사용되지 않는 것만이 아니라 세부 원료의 생산 과정에 있어서도 동물 유래 원료가 사용되지 않아야 하며, 동물 유래 원료가 사용된 다른 제품과의 생산 설비를 공유하는 경우에는 철저한 세척 및 생산 시간 구분 등 엄격한 기준을 통하여서만 인증을 받을 수 있다.

따라서 우리가 흔히 살펴보는 음료 제품 뒷면의 원재료 명에서 동물성 성분(우유 등)이 보이지 않더라도 비건 제품이라고 단정 짓기에는 어려움이 있다. 가장 확실한 방법은 아래 '비건 인증 마크'가 제품에 부착되어 있는지 확인하는 것이다.

비건 인증 마크 (Vegan Certification Mark)

Q2. 베지밀과 두유는 어떤 차이가 있을까요?

베지밀과 두유는 사실 같은 것이라고 보아도 무방하다. 국내 두유 시장 1위를 선점하고 있는 정식품이라는 회사의 브랜드명이 베지밀이기 때문이다. 이러한 이유로는 1973년부터 현재까지 우리는 '두유'라는 말보다는 '베지밀'이라는 말에 더욱 익숙해져 있기 때문이다.

– 베지밀: 정식품의 브랜드 이름
– 두유: 법적으로 베지밀이라는 제품의 특성을 나타낸 법적(식품 공전) 유형

가장 큰 범위부터 서술하자면, 두유 > 정식품 > 베지밀과 같은 순서이다. 두유라는 식품유형의 범주에는 베지밀(정식품) 외에도 삼육두유, 밥스누두유, 매일유업 등 다양한 회사의 두유 제품이 '두유'라는 식품 유형의 범주에 포함된다.

Q3. 두유를 많이 섭취하게 되면, 여유증(부작용)이 나타날 수 있을까요?

대두(콩)에는 여성 호르몬인 에스트로겐(estrogen)과 비슷한 이소플라본(isoflavone, 제니스테인(genistein), 다이드제인(daidzein), 글리시테인 (glycitein) 등)이 존재한다. 이소플라본은 콩과 작물의 대표적인 플라보노이드의 페놀계열 화합물로 체중 조절, 심혈관계, 골다공증 등 유익한 효능이 있는 것으로 알려져 있다. 이소플라본은 에스트로겐과 유사해 체내에 흡수된 이소플라본이 에스트로겐 수용체(receptor)에 붙어 에스트로겐과 유사한 역할을 한다.

청소년기 남자가 많은 칼로리를 섭취해 비만이 되면 체내에 콜레스테롤이 많아지게 되고 우리 몸은 콜레스테롤을 대사하기 위해 여러 물질을 만들게 된다. 그중 대표적인 물질이 스테로이드(콜레스테롤이 되는) 호르몬이다. 성호르몬인 테스토스테론과 에스트로겐 역시 스테로이드 호르몬이다.

우리 몸은 항상성(몸을 일정하게 유지하려는 성질)을 유지하기 위해, 많아진 테스토스테론을 에스트로겐 등으로 만들게 된다. 결국 남성도 여성의 유방과 비슷하게 여유증을 유발할 수 있는데, 대두 단백질의 이소플라본 때문에 여유증을 유발시킬 수 있다는 불안감이 조성되었다.

하지만 이와 다르게, 식품 혹은 보충제로서 먹는 콩과 계열은 몇 달 혹은 몇 년 그리고 과량을 매일 섭취하지 않은 이상 체내 호르몬 합성에 큰 영향을 줄 수 없다. 식품과 보충제로 섭취할 수 있는 이소플라본의 양은 상당히 제한적이며, 약(drug)이 아닌 이상 단기간 만에 여유증을 형성하기 어렵다.

Q4. 우유, 두유, 대체 우유(아몬드, 귀리)는 어떠한 차이가 존재하는 것일까요?

🔍 우유 vs 식물성 음료

가장 차이가 크게 나는 영양 성분들은 콜레스테롤, 유당, 단백질 등이다. 우유는 동물성이기 때문에 콜레스테롤 함량이 높은 반면, 식물성 음료는 콜레스테롤 함량이 zero이다. 또, 우유는 유당을 포함하고 있어 유당 불내증을 가진 사람들이 배앓이를 할 수 있지만, 유당이 없는 식물성 음료는 유당 불내증과 상관없이 즐길 수 있는 장점이 있다.

한편 단백질의 경우, 두유를 제외한 식물성 음료가 우유 대비 함량이 낮다. 그리고 식물성 단백질은 9가지 필수 아미노산 중 일부가 빠져 있는 경우가 대부분이어서 동물성 단백질에 비해 활용률 및 소화율이 떨어질 수 있다. 반면, 식물성 음료는 동물성 음료에 대비 식이섬유가 많다. 우유와 식물성 음료는 구성하는 영양 성분별로 다른 점을 인지하고 음용하는 것이 좋다.

🔍 식물성 음료(두유 vs 아몬드유 vs 귀리유) 비교

1. 두유

콩으로 만든 대표적인 식물성 음료로, 식물성 음료 중 식물성 단백질이 풍부하며, 체내 콜레스테롤 축적을 막아 주는 불포화 지방산과 산성화된 체질을 중화시켜 주는 알칼리 성분이 다량 함유되어 있다.

2. 아몬드유
무가당 아몬드유는 우유, 타 식물성 음료 대비 칼로리가 낮고 비타민E, 비타민D가 풍부하다. 하지만 단백질 함량은 낮다는 특징이 있다.
3. 귀리유
귀리는 수용성 식이섬유 '베타글루칸'이 풍부하게 들어 있다.

100ml 기준	1) 우유 (서울우유 나100%)	2) 두유 (매일두유 99.9)	3) 아몬드유 (아몬드브리즈 언스위트)	4) 귀리유 (오틀리 오리지널)
원재료	원유 100%	원액두유 99.9%, 식염	아몬드액 95%, 정제수, 식염, 영양 강화제, 산도 조절제, 유화제, 젤란검, 합성 향료	정제수, 귀리 10%, 유채유, 탄산 칼슘, 제삼인산 칼슘, 정제 소금, 비타민
열량(kcal)	70	50	18	44
탄수화물(g)	5	2.1	1.5	6.8
당류(g)	5	0.9	0.1	4
단백질(g)	3	4.7	0.6	1.2
지방(g)	4	2.6	1.2	1.5
나트륨(mg)	50	84	74	40
콜레스테롤(mg)	15	0	0	0
미량 성분	칼슘 100mg	-	칼슘 121mg 마그네슘 5.2mg 비타민E 3.9mg a-TE	칼슘 300mg 비타민D 0.25μg 비타민B12 0.4μg 비타민B2 0.2μg
기타	-	-	-	식이섬유 0.8g

* 제품군 영양 성분표 참고, 표기값까지 반올림한 수치

Q5. 검은콩을 먹으면 검은 머리가 자라나게 될까요?

"검은콩, 검은깨, 흑임자 등 슈퍼 푸드라고 불리는 음식들에 대한 속설들을 들어 보았는가?" 검은콩은 껍질이 까맣고 윤기가 나며, 한방에서는 '약콩'이라고 불리울 만큼 해독력이 뛰어나다고 알려져 있다. 검은콩에는 모발 성장에 필수적인 아르기닌과 시스테인 등 아미노산이 풍부하며 이소플라본, 불포화 지방산, 안토시아닌 등 여러 종류의 기능성 물질도 포함되어 있다. 이러한 검은콩의 외형과 다양한 영양소 덕분에 오래 전부터 모발의 성장과 윤기, 탄력을 증진시킬 수 있다고 알려져 왔다.

2017년 《한국식품영양과학회지》에 실린 〈검은콩과 발효검은콩 추출물이 인간 모유두 세포 성장에 미치는 효과〉 논문에 따르면, 인간 모유두 세포 실험에서 검은콩 추출물이 발모제인 미녹시딜(Minoxidil)과 유사하게 세포 성장 촉진 인자를 활성화시켜 모발 건강을 위한 기능성 원료로서의 가능성을 확인하였다. 또한 2011년 《한국식품과학회지》에 실린 〈In vitro 및 in vivo에서 검은콩 추출물의 육모 효과〉 논문에서는 마우스에게 검은콩 추출물을 섭취시켜 2%의 미녹시딜(Minoxidil) 도포와 유사한 발모 효과를 확인할 수 있었다.

이와 같이 검은콩이 모유두 세포의 증식을 촉진하고 모발의 성장을 촉진할 수 있다는 연구 결과가 있다. 하지만 아직 검은콩 내의 어떠한 성분이 이러한 역할을 할 수 있는지와 사람을 대상으로 한 연구는 부족하다.

모발은 정해진 사이클에 따라 자라고 빠지고를 반복한다. 이 사이클을 유지해야 건강한 머리카락을 유지할 수 있다. 그리고 이를 위해 필요한 영양소는 단백질, 비타민, 미네랄 등이 있다. 특히 좋은 단백질은 모발 건강에 도움을 줄 수도 있기 때문

에 과도한 다이어트 등 영양이 불균형할 때에 도움이 될 수 있는 정도로만 생각하는 것이 바람직하다. 즉, 아직까지는 사람의 검은 머리카락을 나게 하는 효과는 검증되지 않았고 더 많은 연구가 필요하다.

Q6. 식물성 원료(오트 등)로 요거트를 만들 수 있을까요?

2000년대에 들어 식물성 기반 요거트(plant-based yogurt)가 시장에 등장했다. 시중에 판매되고 있는 우유를 주성분으로 한 발효유(요거트)들의 경우 발효유류에 포함된다. 발효유류란 원유 또는 유가공품을 유산균 또는 효모로 발효시킨 것이나, 이에 식품 또는 식품 첨가물을 가한 것을 말한다.

따라서 우유가 포함되지 않고 식물성 원료만으로 만든 요거트의 경우 발효유류에 포함되지 않고, 유산균 음료로 분류된다. 전통적으로 판매되고 있는 발효유에 해당되는 요거트와 식품 유형에서부터 맛까지 큰 차이점이 있다. 따라서 식물성 원료(오트 등)로 발효유와 유사한 관능을 나타내도록 만든 제품들을 '대체 요거트'라고도 부른다. 주로 두유, 아몬드유, 쌀우유, 코코넛밀크, 귀리유 등의 식물성 원료를 발효시킨 제품이 있으며 채식을 선호하는 소비자들과 유제품 섭취가 어려운 소비자에게 큰 인기를 얻어 시장이 확대되고 있다. 기존의 발효유 요거트의 특징인 유산균은 대부분 그대로 담고 있으면서 식물성 원료로 만들기 때문에 트랜스 지방과 콜레스테롤이 없고 식이섬유가 포함되어 있는 제품들이 많다. 마시는 병 타입과 떠먹는 컵 타입이 모두 존재한다. 우유가 들어가지 않기 때문에 발효유 요거트와는 맛이 차이가 있고 주로 베이스가 되는 식물성 원료에 따라 맛이 결정된다.

풀무원다논 액티비아 식물성 (오트&흑미, 블루베리) [식품 유형: 유산균 음료]	바이셀 비건 그릭요거트 [식품 유형: 유산균 음료]	바이셀 국산콩 비건요거트 소이포유유 (플레인, 사과, 빌베리) [식품 유형: 유산균 음료]

콩으로 만든 대체 요거트의 경우 콩을 발효시켰다는 점에서 공통점을 갖기 때문에 청국장이나 된장과 비슷한 발효취가 나는 경우도 있다. 식물성 원료를 발효시킨 것이기 때문에 발효주와 비슷한 특징을 가질 수밖에 없지만 여러 원료를 혼합하거나 식품 첨가물을 이용하여 발효유와 유사한 식감을 표현한 제품들이 주로 판매되고 있다.

Q7. 동물성 단백질과 식물성 단백질의 차이점이 무엇일까요?

단백질은 크게 두 가지로 나뉜다. 소고기, 돼지고기, 치즈, 우유 등에 들어가 있는 동물성 단백질과 콩이나 곡류에 들어가 있는 식물성 단백질이다. 같은 양의 단백질이라도 동물성 단백질에는 필수 아미노산이 식물성 단백질에 비해 많이 들어 있다.

반면, 동물성 단백질은 식물성 단백질에 비해 포화 지방이 많기 때문에, 무조건 어느 하나의 단백질만 먹기보다는 두 종류의 단백질을 골고루 먹는 것이 중요하다.

식물성 단백질이 주목받는 이유는 단백질 함량이 풍부하지만 지방 함량은 낮기 때문에 과도한 지방으로 인한 문제를 피할 수 있기 때문이다. 반면에 동물성 단백질을 무작정 피하고자 한다면 필수 아미노산의 결핍을 피할 수 없다.

우리가 식품을 통해서 자연스럽게 섭취하는 단백질이 있는 반면에 단백질을 보충하기 위한 음료들도 많다. 단백질 보충제로 불리는 이 물질들은 이름이 다양한데 WPI, WPC, ISP 등 들을 때마다 헷갈리던 단백질 보충제들에 대하여 샅샅이 알아보도록 하자.

분리 대두 단백 (ISP)	농축 유청 단백 (WPC)	분리 유청 단백(WPI)	가수 분해 유청 단백(WPH)
대두에서 분리해 나온 단백질로 콩에서 지방과 탄수화물을 제거해 가공한 것.	유청을 침전, 여과 등의 물리적인 기술과 과정으로 농축시켜서 만든 단백질.	농축 유청 단백을 분리 가공이라는 물리, 화학적 과정을 거쳐서 단백질만을 순수하게 모아 놓은 단백질.	농축 유청 단백을 가수 분해시켜 분자량을 낮춘 것으로 소화가 빠르게 된다는 장점이 있음. 그러나 분리 유청 단백만큼 빠른 소화력을 가지고 있진 않음.
식물성 단백 중에서는 흡수율이 가장 높지만 유청 단백보다는 소화 흡수율이 낮음. 포화 지방, 콜레스테롤을 함유하지 않음.	단백질 순도가 35~87%까지 차이가 나 순도를 대략 어림잡기가 힘듦.	단백질 순도 약 90~93%로 매우 높음.	단백질 순도 약 80%로 높음.
아미노산 구성 필수 아미노산인 메티오닌이 부족함. 80% 이상이 글로불린으로 구성됨.	대두 단백에 비해 총 필수 아미노산 함량과 류신 함량이 높음.		
소화 흡수율로 따진 아미노산 스코어 (DIAAS) 0.84점.	소화 흡수율로 따진 아미노산 스코어 (DIAAS) 1.2점, 분자 사슬 아미노산 특히 류신을 함유하고 있어 근육 증가에 도움이 된다.		

단백질 소화율 교정 아미노산스코어 (Protein Digestibility-Corrected Amino Acid score, PCDAA)=1

*** 카제인(Casein)**

"카제인을 뺐다."라는 문구를 많이 들어 본 적이 있을 것이다. 카제인은 몸에 나쁜 물질이 아니라 "우유에서 나오는 일부 단백질의 종류"로, 소화가 매우 천천히 된다는 특징이 있다. 소화가 천천히 되면 나쁜 게 아니냐? 이 부분이 장단점으로 작용하는데 단백질이 서서히 천천히 공급되기를 바라는 사람에게 카제인은 정말 좋은 단백질원이다. 위산과 반응하여 젤화가 되는데, 그 상태에서 아미노산 공급을 서서히 시켜 주니 몸을 만드는 사람에게는 근손실을 막아 주는 좋은 단백질 공급원이 될 수 있다.

Q8. 식물성 음료에도 알레르기를 유발시킬 수 있는 성분이 존재할까요?

식품 알레르기는 식품 중의 어느 한 성분이 항원이 되어 과한 면역 반응을 일으키는 것을 뜻한다. 식품 속의 대부분 단백질은 대부분 조리 과정이나 소화 과정에서 분해되는데 일부 단백질은 분해되지 않고 체내로 흡수되는 일부 단백질이 알레르기를 일으킨다. 식품 알레르기 반응으로는 아토피 피부염, 천식, 설사, 습진, 두드러기, 아나필락시스(호흡 곤란 등으로 인한 쇼크) 등과 같은 반응이 유발된다.
알레르기를 일으키는 원재료가 함유된 제품을 조금이라도 섭취한 사람은 생명이 위험하기 때문에 아래와 같이 식품의약품안전처는 가공식품에 알레르기 표시를 법적으로 의무화하고 있다.

> 알레르기 식품표시를 법적으로 의무화한 식품 ①(난류(가금류에 한함), ②우유, ③메밀, ④땅콩, ⑤대두, ⑥밀, ⑦고등어, ⑧돼지고기, ⑨복숭아, ⑩토마토, ⑪호두, ⑫닭고기, ⑬쇠고기, ⑭오징어, ⑮조개류, ⑯갑각류(게, 새우 등), ⑰잣, ⑱아황산류(이를 첨가하여 최종 제품이 이산화황이 1kg당 10mg 이상 함유된 경우만 해당한다.)

※ 식품의약품안전처 식품등의 표시기준 2018.08.02 일부 개정

우리가 우유와 우유가 들어간 빵, 우유가 들어간 과자 등 우유가 들어간 가공품을 섭취했을 때 설사, 복통, 구토 등의 증상이 나타나는 경우가 있는데, 위에서 설명한 거와 마찬가지로 우유 단백질이 충분히 소화되지 않은 채 흡수되면 단백질이 항원이 되어 체내에 들어오고 그에 대한 항체가 만들어진다. 이런 상태에서는 다시 항원인 단백질이 흡수되면, 항원 항체 반응이 일어나서 알레르기가 나타난다. 이런 현상은 우유 등 유제품에 국한되어 있는 것이 아니라 단백질을 함유한 모든 식품에서 발생할 수 있다. 이에 자신의 알레르기에 물질에 대해 충분히 인지하고, '제품 표시사항(원재료, 주의 문구 등)'을 꼼꼼히 살펴보고 섭취하는 것이 필요하다.

5. 참고 문헌

1) 한영신, 식품 알레르기 교육 및 급식관리 매뉴얼, 서울특별시 식품안전추진단, 2010.
2) 한영신, 식품알레르기의 올바른 이해, 서울: 청어람미디어, 2016.
3) 서울우유 협동조합 - 우유 관련 정보.
   https://www.seoulmilk.co.kr/enterprise/milkstory/health_qna_view.sm?articleId=10000000001136&page=1&gubun=sm_milkstory_qna&search=&keyword
4) 김기환, 우유 알레르기의 특성 및 저감화 방법, 한국유가공기술과학회지, 2013.
5) 아몬드 브리즈(Almond Breeze) - 소개 자료.
   http://www.almondbreeze.co.kr/phone/info.html
6) 조남영 외 1명, 아몬드유 및 그 제조 방법, 및 아몬드유를 함유한 가공제품의 제조방법, 한국 공개특허, 10-2012-0006211, 2012.
7) 오틀리(oatly) - 제조 방법.
   https://www.oatly.com/stuff-we-make/our-process
8) 한국비건인증원 - 인증 제도 http://vegan-korea.com/
9) 삼육식품 '삼육두유' 관련 정보. https://www.sahmyook.co.kr/
10) 정식품 '베지밀' 관련 정보. https://www.vegemil.co.kr/

Part 7
명절 차례상의 주인공이었던 차

Part 7.
명절 차례상의 주인공이었던 차

1. 역사

차(茶, tea)는 차나무 잎을 비롯한 식물성 원료를 물에 우려 만드는 음료이다. 문헌에 따르면 기원전 200년 전부터 중국의 상류층에서 마셨다는 기록이 있다고 한다. 각성 효과 등의 약용 위주로 음용이 되던 차는 당나라 시기의 문인인 '육우(陸羽)'가 다경(茶經)을 저술하여 차의 연원과 음용 방법, 다도 등을 이론화한 후 일반 민중들을 대상으로 널리 퍼졌다고 한다. 한국에서는 삼국 시대 후반부터 당나라로부터 차 문화가 넘어왔으나 높은 가격 때문에 일부 부유층들만 음용할 수 있었다. 하지만 통일 신라 시기의 흥덕왕 3년(828년) 때 당나라의 사신으로 갔던 대렴공이 차나무의 씨앗을 가져와 경남 하동에 심은 뒤 국내에서도 차를 재배할 수 있었다. 고려 시대에는 불교의 융성과 더불어 술 대신에 차를 마시는 차 문화가 더욱 성행하게 되었다. 심지어 차와 관련된 일을 맡는 다방(茶房)이라는 관청도 있었으며 궁중 밖에서 왕족에게 차를 준비하는 차군사(茶軍士)라는 보직이 있을 정도였다. 귀족들은 다원(茶院)에서 차를 즐겼고 일반 백성들도 다점(茶店)에서 차를 즐기는 등 고려 시대는 차 문화의 전성기였다. 하지만 조선 시대 때는 불교를 배척하고 유교를 숭상하는 숭유억불 정책으로 인하여 한국의 차 문화는 위축이 되었다. 아시아권에서 차 문화는 불교와 승려를 중심으로 향유되었기 때문이다. 지금도 명절마다 지내는 차례(茶禮)는 원래 조상에게 차를 바치는 의식이었으나 영조 때부터는 차 대신에 술이나 숭늉을 쓰도록 바뀌었다고 한다.

1) 차 음료의 현대화

이웃 나라인 일본에서는 1980년 초반부터 RTD(Ready to Drink) 차 음료가 유행을 하였으나 한국에서 용기에 담긴 차 음료가 본격적으로 출시된 것은 10년 뒤였다. 초기의 병입된 차 음료는 1991년 6월 미원음료(현, 대상)의 천산오룡차 캔으로 예상이 되며, 190ml 용량의 캔 음료로 개당 400원에 판매되었다고 한다. 소득 수준이 증가하고 건강에 대한 관심이 증가함에 따라 차에 대한 관심이 커져 갔고 또한 복잡한 다도를 거치지 않고도 간단하게 차를 마실 수 있다는 장점 때문에 차 음료 시장은 약 100억 원 정도의 규모로 성장하게 된다.

이후 1993년에 차 음료 시장은 약 500억 원 정도의 규모로 성장을 하게 되었는데, 이는 우롱차 이외에도 다양한 홍차(아이스티) 및 녹차 제품들이 용기에 담겨 출시되었기 때문이다.

대표적인 아이스티 제품으로는 립톤아이스티(유니레버&매일유업), 네스티(한국코카콜라), 실론티(롯데칠성음료) 등이 있었다.

또한 최초의 병입 녹차 제품도 1993년 6월, 태평양(현재 아모레퍼시픽 계열사 오설록)이 설록차 캔도 출시하면서 본격적인 RTD 차 음료 시장을 열었다.

2. 대표 제품 및 트렌드

1) 대표 제품

업체명	제품명	사진	설명
남양유업	몸이 가벼워지는 시간 17차		2005년 남양유업에서 '웰빙' 시장의 성장 가능성을 내다보고, 기존 중장년층 선호의 단일 잎차 녹차 중심 시장에서 2030 여성들이 간편하게 즐길 수 있는 17가지 전통 차 원료를 블렌딩해 출시해 선풍적인 인기를 끌었음. 현재까지도 대표적인 차 음료로 소비자에게 각인된 음료.
광동제약	V라인 옥수수 수염차		2006년 한방의 노하우를 담아 광동제약에서 출시한 옥수수 수염차. 이뇨제와 부기 제거 효능이 있는 약제로 사용되어 온 옥수수 수염을 차로 상품화했으며, 당시 미의 기준이었던 V라인에 도움이 되는 건강한 차이자 물 대신 마시기 좋은 차로 인식됨. RTD 차 음료 매출 1위 음료.
광동제약	헛개차		2010년 광동제약이 한방서에 기록된 헛개나무 열매와 씨앗이 숙취 해소와 간 보호에 도움이 된다는 점에서 착안해 출시한 제품으로, 다양한 경쟁 제품이 출시되어 헛개 열풍을 일으켰으며 기존에 물 대신 음용하던 차 음료 시장에서 직접적인 기능(숙취, 음주 갈증 해소)을 제시한 차 음료.
웅진식품	하늘보리		2000년 웅진식품에서 주로 집에서 직접 끓여 음용하던 '보리차'를 상품화해 출시함. 당시에는 집에서도 쉽게 마실 수 있는 보리차의 상품성에 대한 의문을 가진 시선들이 많았으나, 무당, 무카페인, 무칼로리의 웰빙 음료로 젊은 층들의 사랑을 받아 오늘날에도 꾸준히 소비자들에게 사랑받는 차 음료.

탄산음료, 과일주스, 에너지 음료 등 다양한 음료들이 '음료'를 대변한다고 할지라도, 우리가 가장 기본적으로 마시는 물과 유사한 액상차 시장은 물처럼 가장 기본적인 베이스로 끊임없이 다양한 제품들이 출시되고 발전해 나가고 있다.

(1) 몸이 가벼워지는 시간 17차

　자극적인 탄산음료 제품들이 주류를 이루고 있던 2005년, 남양유업에서 출시한 '몸이 가벼워지는 시간 17차'는 국내 차 음료 시장에서 올해로 18년째 그 이름을 이어 오고 있다. 당시 남양유업은 떠오르던 화두 '웰빙' 시장의 성장 가능성을 보고 차 음료 시장에 진출했는데, 보리, 현미, 결명자, 둥굴레, 메밀, 옥수수, 율무, 녹차, 영지버섯, 치커리, 차가버섯, 상황버섯, 귤피, 홍화씨, 뽕잎, 산수유, 구기자 등 17차 전통 차 원료를 혼합해 출시했다.

　당시 차 음료 시장은 단일 잎차 녹차가 시장을 주로 이끌어 나가고 있었고, 남양유업은 녹차 제품이 잘 팔린다는 점을 고려하되, 주로 차 음료를 소비하던 중장년층이 선호하는 맛이 아닌 2030 여성들이 간편하게 즐길 수 있는 제품 개발에 초점을 맞췄다. 이렇게 탄생한 다양한 재료의 밸런스를 고려해 출시한 혼합차인 '몸이 가벼워지는 시간 17차'는 큰 성공을 거뒀다.

　소비자 타깃을 고려한 배우 전지현을 모델로 발탁하며 2030 여성들에게 브랜드를 알렸고, 출시 첫해에는 매달 20억 원씩, 2006년에는 단일 품목으로 연 매출 1,000억 원을 달성해 2004년 600억 원에 불과했던 우리나라 차 음료 시장은 2030 여성들의 유입으로 17차 출시 이후 2년 만에 1,900억 원으로 급성장하게 되었다.

　17차의 성공으로 차 음료 시장이 커지면서 옥수수, 보리, 헛개 등 다양한 차 음료가 시장에 진입해 17차의 영향력은 줄어들었지만, 여전히 우리나라 소비자들에 대표적인 차 음료로 남아 있다.

(2) V라인 옥수수 수염차

　17차의 성공 이후 2006년 한방의 노하우를 담아 광동제약에서 출시한 '옥수수 수염차'는 꾸준히 우리나라 RTD 차 음료 매출 1위를 달리고 있다.

　한방에서 이뇨제와 부기 제거 효능이 있는 약재로 사용되어 온 옥수수 수염을 제약회사였던 광동제약에서는 당시 소비자들의 미의 기준이었던 V라인에 도움이 되는 건강한 차의 RTB(Reason to Believe) 요소로 어필했다. 또한 체내 나트륨 배출을 돕는 옥수수 수염의 효과가 달고 짠 음식을 선호하는 우리나라의 식습관에 부합하여, 식사 전후 물 대신 마시기 좋은 차가 되어 출시 첫 해 400만 병 판매 돌파를 시작으로 대성공을 거둔다.

김태희를 비롯한 다양한 톱 여배우들을 모델로 기용하며 단순히 성공적인 차 음료로 판매할 뿐 아니라, 친환경 포장, 탄소 중립 제품 인증 획득 등 제품뿐 아니라 최근 다양한 소비자들이 관심을 가지는 환경적 이슈들까지 고려해 제품을 발전시키고 있으며, 지난 2021년에는 온라인 전용 1.25L 무라벨 제품까지 출시하고 있다.

또한 COVID-19를 겪으며 건강에 관심이 높아진 소비자들과 할매니얼 입맛의 MZ세대 소비자들에게 보다 친근한 이미지로 다가가기 위해 다양한 활동을 전개하고 있는데, 기존의 톱 여배우만 기용하던 모델에서 최근 버추얼 휴먼(Virtual Human) 한유아를 신규 모델로 선정해 옥수수 수염차는 다양한 일상에 함께할 수 있다는 새로운 캠페인을 보내는가 하면, SNS를 통해 다양한 방식들로 소비자들에게 한발 더 다가가고 있다.

(3) 헛개차

V라인 옥수수 수염차의 대성공 이후 광동제약에서 또 다른 히트작을 출시했다. 2010년 출시된 광동제약의 헛개차는 '지구자'라는 명칭으로 한방서에 기록된 헛개나무 열매와 씨앗이 숙취 해소와 간 보호 작용을 위한 한약재로 사용되어 온 것에 착안해 개발했고, '숙취와 음주 갈증 해소를 한 번에'라는 메시지와 음주 상황을 재치 있게 묘사한 광고 등으로 소비자들의 눈길을 끌어 왔다.

광동의 헛개차 출시 이후 다양한 업체에서 헛개를 사용한 제품을 출시하기 시작했고, 이전까지는 탄산음료, 주스 등을 대체하기 위해 가볍게, 물과 같은 용도로 마시면서 부수적인(V라인) 효과를 노렸던 소비자들이 직접 숙취 해소 '기능'을 기대하며 차 제품을 찾기 시작했다는 점에서 건강, 차 그리고 차의 효능을 따져 보고 소비자가 자신에게 필요한 차를 찾아내게 하는 시장에 큰 역할을 했다고 생각된다.

광동제약은 V라인 옥수수 수염차와 마찬가지로 사회적 책임을 위해 '탄소 성적 표지 인증', '친환경 포장 마크 획득', '캡 경량화' 등을 추진하며 친환경을 위한 노력도 꾸준히 진행하고 있으며 COVID-19를 겪으며, 홈족(Home族) 트렌드에 맞춘 대용량 제품을 출시해 매출을 꾸준히 증가시켰으며, 본업인 '제약'과 헛개의 흥행을 링크해 숙취 해소 음료 '광동 헛개파워', '광동 헛개 파워 찐한포(젤리형)' 등의 숙취 해소제 시장으로도 제품 라인업을 확장시켰다는 점이 시장의 다른 헛개 음료들과는 차별화된 포인트라 볼 수 있을 것 같다.

(4) 하늘보리

어릴 적 집에서 어머니가 끓여 주시던 보리차가 2000년 웅진식품의 '하늘보리'라는 이름으로 출시됐다.

한국인들이 꾸준하게 음용해 온 '보리차'를 집 밖에서도 마실 수 있도록 출시한 '하늘보리'는, 구수하고 시원한 보리차의 그 맛을 그대로 구현해 2000년 출시 이후 꾸준히 보리차 시장 점유율 1위를 달리고 있다.

생수를 사 마시는 것도 생소했던 2000년, 첫 RTD 차 음료인 하늘보리가 출시되었을 때 시장의 반응은 냉담했다. '집에서도 쉽게 끓여 마실 수 있는 보리차를 누가 돈 주고 사 마시겠냐'는 것이 음료 업계 전반의 평가였고, 일본 음료 시장이 차를 상품화해 급성장시킨 사례를 지켜봤던 웅진식품은 꾸준히 하늘보리를 마케팅하며, 1위 자리를 굳건히 지키고 있다.

'하늘보리'와 마찬가지로 '누가 물을 사 먹냐' 했던 생수 시장의 경쟁이 본격화된 2005년부터 하늘보리는 소비자들의 선택을 받기 시작했는데 100% 우리 땅에서 자란 우리 곡물만을 사용해 만든 대한민국 대표 보리차 음료를 표방하며, 무당, 무카페인, 무칼로리의 웰빙 음료로 사랑받으면서 보리차 음료의 성장을 이끌게 된다.

하늘보리 또한 17차와 마찬가지로 젊은 세대를 타기팅한 다양한 마케팅 활동을 선보였는데, 2015년부터 펼쳐 온 열두 가지의 메시지를 담은 '열두보리', 2019년 웹툰과의 콜라보 및 캐릭터를 활용한 마케팅, 당시의 톱스타들을 기용한 친숙한 광고들 등 다양한 방식으로 젊은 소비자들과 소통하고 있다.

뿐만 아니라 우리 곡물 등 소비자에게 건강하게 다가가고 있다는 장점을 부각시켜 어린이를 겨냥한 어린이 보리차 음료 '유기농 하늘보리'도 선보이며 어린이 차 음료 시장으로 라인업을 확장하였고, 1인 가구의 증가에 맞춰 음용 편리성이 뛰어난 소용량 제품, 집에서 생수 대용으로 음용 가능한 대용량 제품 등 다양한 라인업을 확장시키고 있다.

하늘보리 이후 동서, 롯데칠성음료 등 다양한 경쟁자들이 계속 보리차 시장 진출을 시도하고 있고, 하이트진로음료의 '블랙보리'와 코카콜라의 '태양의 원차 주전자차' 등 다양한 제품들이 계속적으로 보리차 시장을 넘보고 있지만, 여전히 소비자들에게 보리차 음료 하면 하늘보리가 먼저 떠오를 것 같다.

2) 트렌드

(1) 간편하게 즐기는 잎차

한국인에게 차는 시간의 미학이 필요하며, 뜨거운 물과 함께 끓여 내 원재료가 가진 맛과 영양소를 우려낸다는 인식이 있었다. 티백이 시장에 나타나면서 재료 준비에 대한 간편함을 덜 수 있었고, 90년대 녹차, 보리차 등 기존에 친숙했던 곡물 및 잎차를 베이스로 한 차류들이 상품화되면서 차를 마시기 위해 기다리는 시간을 덜고 휴대의 편의성은 더할 수 있었다.

1997년 동원(동원F&B)의 보성녹차, 2000년 웅진식품에서 출시한 하늘보리는 현재까지도 매출 상위 제품으로 사랑받고 있는 제품이다. 주로 녹차, 홍차, 보리차 등 단일 주원료를 바탕으로 티백으로도 즐겨 마셨던 차들이 상품화되면서, 부담 없이 즐길 수 있는 물 대용의 음료, 여행 시에 장시간 섭취할 수 있는 음료로서 자리 잡았다.

(2) 물처럼 즐기는 차

물 대신 가지고 다니면서 장시간 섭취할 수 있는 차는 곧 '자주 마시니 몸에 좋다'라는 웰빙 트렌드와 부합하는 제품이었고, 여성에게는 다이어트에 도움을 주는, 남성에게는 숙취 해소에 도움을 주는 기능적 가치를 더한 액상차로 진화하였다. 2006년 광동제약의 '옥수수 수염차'는 얼굴의 'V라인' 콘셉트를 더해 부기를 빼는 음료로서 여성 소비자 타깃으로 어필할 수 있었고, 2005년에 출시된 남양유업의 '몸이 가벼워지는 시간 17차'는 녹차, 옥수수 등 여러 재료를 혼합한 혼합차로서 '몸이 가벼워지는 시간'이라는 슬로건을 바탕으로 다이어트 이미지를 연계시켰다. 2010년 광동제약의 '힘찬하루 헛개차', HK이노엔의 '컨디션 헛개수'는 당시 숙취 해소제에도 많이 쓰였던 '헛개나무 열매'를 주원료로 하여 숙취 해소에 도움을 주는 남성 소비자를 타깃으로 한 액상차를 출시하였다. 광동제약은 후에 '힘찬하루 헛개차'의 패키지에 남성을 뜻하는 한자 '男'을 크게 집어넣어 더욱 타깃을 세분화시켰다. 액상차의 경쟁 시장은 액상차 내부에 한정되지 않고, 일상 소비재인 물까지 확장되면서 물처럼 자주 마실 음료라면 '무언가 더 좋거나', 혼합 음료보다는 건강에 좋고 잦은 빈도로 오래 마셔도 부담스럽지 않다는 소비자 인식을 바탕으로 카테고리를 확장하였다.

때문에 맛이 가미되어 있는 과실차류(레몬, 자몽차, 오미자차) 등의 시장 규모는 2010년 중후반부터 혼합 음료나 커피 프랜차이즈의 음료 대비 경쟁력을 잃으면서 시장 규모가 축소되었고, 더욱 마일드(mild)하고 부담되지 않는 라이트한 맛(light flavor)의 액상차 시장 위주로 확장되었다. 코카콜라는 2013년 남미의 마테차를 콘셉트로 한 '태양의 마테차'를, 2018년 '태양의 식후비법 더블유W차'를 출시하여, 홍차, 녹차, 우롱차를 섞은 혼합차 형태로 식이섬유를 첨가해 깔끔한 맛으로 식후에도 먹기에 좋은 액상차를 출시하였다.

 2010년대 초부터 해외 경험이 활발해지면서, 여행지에서 많이 즐기기도 한 대만 밀크티 브랜드 '공차'가 국내에서 인기를 끌면서 밀크티 제품도 많이 출시되었다. 밀크티는 1998년 롯데칠성음료의 실론티 로얄밀크로 출시되기도 하였으나, '대만 여행에서 즐겨 본 음료'라는 이미지가 2010년대 초반부터 강해졌다. 동서식품은 홍차 브랜드 '타라'를 출시하여 '화이트 일루전 밀크티' 캔 제품을 출시하기도 하였고, 차별화된 병 패키지에 담긴 '공차 밀크티'가 편의점에서 출시되어 소비자들에게 큰 인기를 얻기도 하였다.

(3) 보다 더 가볍게

 2020년대에는 COVID-19 때문에 건강에 대한 인식이 높아지면서 제로 칼로리, 저당, 노카페인 음료가 인기를 끌고 있다. 2017년 출시된 하이트진로음료의 블랙보리는 커피의 카페인 대신 로스팅한 보리의 향미를 살려 아메리카노를 대체하였고, 홍차나 녹차에 효모균인 스코비와 설탕을 넣어 발효시킨 콤부차는 다이어트에 도움이 된다 하여 비타민, 이온 음료 등 부담 없이 마시는 일상 음료들 대신 소비되고 있다. 일반적인 액상 과당 형태의 혼합 음료를 대체하는 맛을 지녔지만, 제로 칼로리를 소구한 티즐의 '제로 자몽블랙티', 자뎅의 '아워티제로 레몬 얼그레이티' 등은 기존 전통적인 맛에서 벗어나 두 가지 이상의 원료를 혼합한 형태로, 차가 가진 장점의 가벼움을 더했지만 맛에 대한 재미는 살린 제품이다. 해외에서도 티는 건강하지만 맛있게 즐길 수 있도록 2종 이상의 혼합 형태의 티 제품이 인기를 끌고 있다. 스타벅스의 'Teavana'도 전통적인 카모마일, 페퍼민트 티에서 벗어나 파인애플, 히비스커스 등을 섞은 제품들을 출시하면서 음료화된 티 포트폴리오를 제품 및 매장에서도 확대하고 있다.

3) 광고

회사	광동제약
제품명	옥수수 수염차
광고연도	2021
Key Copy	V라인 광동 옥수수 수염차
모델	선미
광고 스냅샷	
URL	

회사	광동제약	
제품명	헛개차	
광고연도	2011	
Key Copy	남자들의 차 광동 힘찬하루 헛개차	
모델	떡	
광고 스냅샷	 	
URL		

회사	웅진식품
제품명	하늘보리
광고연도	2022
Key Copy	고개를 들면 하늘멍이 시작된다 마음까지 시원하게 하늘보리
모델	최우식
광고 스냅샷	
URL	

3. 제조 과정

1) 정의

식품위생법상 다류는 식물성 원료를 주원료로 하여 제조·가공한 기호성 식품으로서 침출차, 액상차, 고형차를 말한다. 우리가 마시는 액상차는 식물성 원료를 주원료로 하여 추출 등의 방법으로 가공한 것(추출액, 농축액 또는 분말)이거나 이에 식품 또는 식품 첨가물을 가한 시럽상 또는 액상의 기호성 식품을 말한다. (소매 시장 기준 RTD차 및 과일청 등이 포함됨)

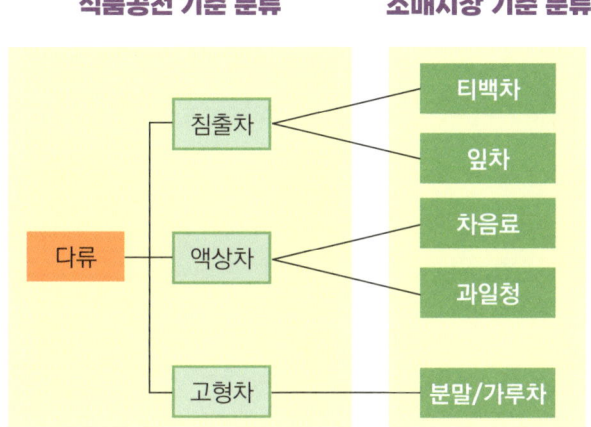

(1) 혼합차(곡물/액상차)

곡물차는 소비자 기준에서 17차, 하늘보리, 헛개수 등이 있으며, 액상차 형태로 식물성 원료를 주원료로 하여 추출 등의 방법으로 가공한 것(추출액, 농축액 또는 분말)이거나 이에 식품 또는 식품 첨가물을 가한 시럽상 또는 액상의 기호성 식품을 말한다.

(2) 콤부차

콤부차는 녹차나 홍차에 설탕과 유익균을 넣어 발효시킨 음료이다. 새콤달콤한 맛이 나며 식초와 같은 맛과 향이 나기도 한다. 발효 과정에서 탄산이 형성되어 마실 때 청량감이 나는 액상의 기호성 식품을 말한다. 콤부차의 식품 유형은 기타 발효 음료 또는 탄산음료로 분류된다.

2) 제조 공정

(1) 액상차(다류 음료)

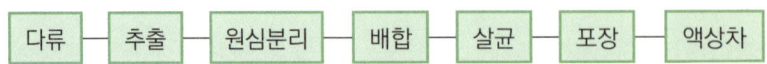

차의 잎을 온수로 추출한다. 이 추출 공정은 제품의 풍미를 결정하는 가장 중요한 공정 중의 하나로, 추출 시 여러 조건에 유의하여야 한다.

i) 물은 제품의 탁함이나 침전 방지를 위해 일반적으로 탈이온수를 사용한다.

ii) 찻잎의 종류에 따라 다른 추출 온도를 사용한다. 예를 들면 녹차는 70도 이하에서 추출이 가능하나 홍차는 90도 이상에서 추출한다. 녹차는 온도가 높을수록 쓴맛이 많이 추출되기 때문에 온도를 낮게 하고 홍차의 경우에는 향미 성분이 끓는점이 높아서 온도를 높게 한다.

iii) 가용성 성분을 얼마나 추출할지 정해야 한다. 추출율이 높으면 원가가 낮아지지만 향미가 떨어진다.

iv) 찻잎과 추출액의 비율을 정한다. 추출액이 많아지면 바람직하지 않은 향미가 나오기도 한다.

v) 추출 시간이 길어지면 원치 않는 향과 맛이 추출될 수 있다. 추출이 끝나면 열에 의한 향미 손실을 줄이기 위해 신속하게 상온까지 냉각하고 여과나 원심 분리 공정을 통해 침전물을 없앤다. pH 조정제, 산화 안정제, 향료 등을 첨가하여 조제액을 만들어 살균한다. 다류 음료는 온장 자판기에서 판매되는 경우가 있기 때문에 일반적인 조건보다 높게 살균하거나 멸균하고 PET 용기 등에 충진한다.

(2) 혼합차

잎차는 단일한 원료를 사용하는 반면 혼합차는 다양한 찻잎과 곡물을 혼합하여 단일 원료로는 낼 수 없는 다양한 맛을 낼 수 있다. 혼합차 제조 공정은 잎차와 동일하고 중요한 관리점은 원료의 다양성에 기인하는 미생물 제어이다. 혼합차는 잎차 외에 다른 원료를 사용하기 때문에 잎차의 주요 살균 성분인 폴리페놀 함량이 상대적으로 낮아 미생물 제어에 불리하다. 또 곡물

원료에 기인하는 내열성 포자 형성균까지 제어하기 위해서 잎차보다 높은 살균 조건(UHT) 혹은 멸균 공정을 거친 뒤 무균 포장을 한다.

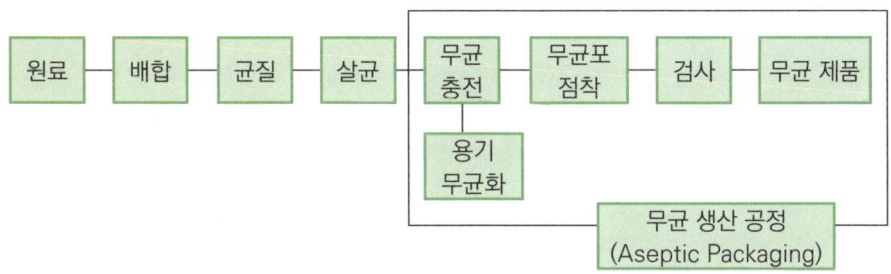

(3) 콤부차

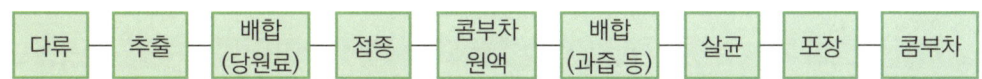

콤부차 제조 공정은 크게 차 추출, 발효, 배합, 열처리, 포장으로 구성된다. 앞선 잎차 추출 공정과 동일한 방식으로 녹차, 홍차 등의 차를 추출한다. 이후, 차 추출물에 설탕, 과당, 포도당 등을 더한 혼합액을 만들고 여기에 스코비(SCOBY)를 넣어 발효시킨다. 스코비란, 박테리아와 효모가 결합한 유익균이다. 이 균이 발효되면서 글루쿠론산, 프로바이오틱스, DSL과 같은 인체에 좋은 성분을 만들어 낸다. 콤부차는 발효 음료이기 때문에 정형화된 제조 방법이 존재하는 것은 아니며, 제품의 특색에 따라 당원, 차의 종류, 균주, 발효 시간 등을 다르게 조절하는 등 다양한 변화를 줄 수 있다.

발효로 얻어진 발효액의 향에 맞는 과일, 허브 등의 원료를 첨가하여 제품별 특색을 부여한다. 발효하면서 자연스럽게 탄산이 발생하기도 하지만, 매 생산 시 균일성 및 제품의 특색에 맞도록 탄산을 추가로 주입하기도 한다.

이후 배합액은 이물을 제거하기 위한 필터를 거치고, 마지막 열처리 공정을 거쳐 배합액을 살균하고 유리병, PET 등의 패키지에 담아 포장하여 제품을 생산하고 출고한다.

4. 현직자와 함께하는 Q&A

Q1. 콤부차는 '차' 인가요?

콤부차(Kombucha tea)는 찻잎을 우려낸 홍차나 녹차에 설탕을 넣어 미생물로 발효시킨 발효차(Fermented tea)이다. 콤부차는 중국에서 유래되어 러시아, 유럽을 거쳐 최근 미국에서 건강 음료의 하나로 자리 잡았다고 알려져 있다.

수제 콤부차 발효는 미생물과 효모 덩어리인 스코비(SCOBY)를 첨가하여 이루어진다. 이 때문에 병원성 미생물이 차를 오염시킬 수 있는 등의 부작용이 발생할 가능성이 있다.

하지만 우리가 상업적으로 구할 수 있는 콤부차는 이와 같은 콤부차에 과일 농축액, 향료 등을 첨가하고 가공한 음료이다. 잘 알려진 미생물로 발효고 필터 공정과 살균 공정이 적용되어 안전하게 마실 수 있는 음료이다.

Q2. 차 음료에 기능성을 기대할 수 있을까요? (다이어트, 숙취 해소)

차 음료도 숙취 해소 효과를 기대할 수 있다. 과당이 함유된 차의 경우 알코올 분해 과정을 도울 수 있으며, 비타민, 아미노산, 미네랄 등은 피로 회복에도 도움을 줄 수 있다.

또한 유자차, 녹차 등도 숙취 해소의 기능성이 있을 수 있는데 유자의 비타민C는 알코올의 분해 과정을 도울 수 있으며, 녹차의 카테킨 성분은 아세트알데하이드를 분해하여 숙취 해소에 도움을 줄 수 있다.

또한 차는 다이어트에도 도움을 줄 수 있다. 차는 대사를 촉진시키며 체중 감량을 돕기도 하며 대표적 예시로는 녹차, 홍차, 로즈마리차가 있다.

녹차에 함유된 카페인은 대사를 촉진시키며 체내 에너지 소비를 증가시켜 체지방 감소를 도운다. 또한 카테킨은 체내 지방 산화를 촉진시켜 체중 감량을 돕는다. 홍차, 로즈마리차 등 다양한 차들이 다이어트에 도움을 줄 수 있다.

그러나 가공품은 정확한 기능성 영양 성분의 함량이 정확하지 않을 수 있으니 숙취 해소 목적으로 차를 구매할 경우 '숙취 해소' 표시가 되어 있는 것을 구매해야 한다. 다이어트의 목적일 경우에는 '기능성 표시 식품(체지방 감소)'을 섭취하거나, 건강기능식품(체지방 감소)을 섭취하는 것이 바람직하다.

Q3. 커피에 있는 카페인과 차에 있는 카페인은 다른 것일까요?

구분	커피	녹차	홍차
사진			
카페인 함량 (1잔, 200ml)	95~200mg	20~40mg	25~60mg

커피, 녹차, 홍차 등에는 카페인이라는 성분이 존재한다. 커피나 차에 있는 카페인은 동일한 성분이고 우리 몸에서도 동일한 각성 효과를 낸다. 하지만 녹차의 경우 커피에 없는 카테킨, 테아닌 성분으로 인해 카페인의 각성 효과가 떨어진다. 따라서 카페인 효과 측면에서 녹차는 동일 카페인 함량을 가진 커피와 다르다 할 수 있다. 녹차의 항산화 성분인 카테킨은 카페인과 결합하여 위장에서 흡수되는 카페인의 양을 줄인다. 또 테아닌은 카페인 때문에 발생하는 신경 전달 물질 '세로토닌'의 상승을 줄여 흥분을 억제하고 혈압을 낮춘다. 하지만 카페인의 각성 효과를 완전히 없앨 수는 없으므로, 카페인에 민감한 소비자일 경우 커피, 녹차, 홍차보다 카페인 성분이 훨씬 적은 허브차, 디카페인 커피 등을 섭취하는 것을 추천한다.

Q4. 제품 '하늘보리'와 티백으로 끓인 '보리차'는 어떠한 차이가 있을까요?

기업에서 생산된 '보리차 음료'와 '티백'으로 우린 차는 식품 유형 중에 '다류'로 속한다. 식품 공전을 찾아보면 여기서 말한 '다류'란 식물성 원료를 주원료로 하여 제조·가공한 기호성 식품을 이야기하고, 종류로는 침출차, 액상차, 고형차로 나뉘어진다.

'다류' 유형 분류

유형	특징
침출차	식물의 어린 싹이나 잎, 꽃, 줄기, 뿌리, 열매 또는 곡류 등을 주원료로 하여 가공한 것으로서 물에 침출하여 그 여액을 음용하는 기호성 식품.
액상차	식물성 원료를 주원료로 하여 추출 등의 방법으로 가공한 것(추출액, 농축액 또는 분말)이거나 이에 식품 또는 식품 첨가물을 가한 시럽상 또는 액상의 기호성 식품.
고형차	식물성 원료를 주원료로 하여 가공한 것으로 분말 등 고형의 기호성 식품.

그래서 기업에서 생산된 보리차 음료는 '액상차'로 표기되어 있으며, 우리가 주전자에 티백으로 넣고 끓여 마시는 보리차는 '침출차'에 해당하는 것이다.

시중에 유통되는 옥수수차, 보리차, 녹차 등 액상차 음료 대부분은 다수의 식품 첨가물이 함유되어 있다. 가장 범용적으로 사용하고 있는 첨가물은 '비타민C'와 '탄산수소나트륨'이다. 비타민C는 제품의 항산화제로 사용되며 '탄산수소나트륨'은 낮아진 제품의 pH를 중성으로 조절하기 위해 사용된다. 또한, 보리차의 구수하고 깊은 맛을 내기 위해 사용되는 착향료로 합성 향료 식품 첨가물을 사용하고 있다. 제품에 따라 자몽 종자 추출물, 폴리리신, 복합 허브 추출물, 복합 황금 추출물 등 천연 항균 작용을 가진 물질을 첨가한다.
하지만 티백으로 추출해서 먹는 침출차는 원재료만 100% 사용할 수 있고 식품 첨가물을 넣지 않는 점에서 차이점이 있다. 식품 첨가물에 거부감이 있는 소비자라면 티백 제품을 권장드린다.

Q5. 임신 중에 율무차를 먹으면 안 좋을까요?

율무는 예로부터 전통적으로 몸에 불필요한 수분 노폐물을 빼 주는 효과가 있는 것으로 여겨진다. 또한, 자궁근의 흥분 작용과 배란 촉진 작용이 있어 임신기에 신중하게 사용할 약재로 분류되어 있기도 하다. 정확한 증빙 자료가 존재한다기보다는 예로부터 내려오는 이야기이다.
하지만 일부 논문에서 동물 실험 시 율무가 배아 형성에 영향을 준 결과가 존재하기도 한다. 따라서 임신 중 율무 섭취의 부정적 영향에 대한 근거가 아예 없다고 하기는 어려울 수도 있다. 동물 실험 결과가 인체에 적용 시 정확하게 일치하는 것은 아니기 때문에 사람을 대상으로 한 연구 결과가 존재한다면 참고해 볼 만하겠지만 안타깝게도 사람의 경우 임신 기간 자체가 길어 출산을 여러 번 경험할 수 없어서 정확한 상관관계를 과학적으로 입증하기 매우 어렵다.
다만 율무 섭취의 부작용에 관한 동물 실험에서 정확히 율무의 어떤 성분이 이러한 작용을 나타내는지 밝혀진 바가 없으며, 동물 실험의 경우 고용량으로 투여하여 실험하는 경우가 대부분이다. 사람이 아무리 한 번에 많이 섭취한다 해도 동물실험에 사용된 정도만큼의 고용량을 섭취하기는 어렵다는 것을 생각할 때 율무차로 섭취 시에는 크게 주의하지 않아도 무관할 것이다. 먹고 싶은데 못 먹고 스트레스 받는 것보다 스트레스 받지 않고 적당량 즐기는 것이 건강에 더 도움이 될 수 있다. 율무는 일반적으로 오랜 시간 동안 사람들이 먹어 온 안전한 식품이다. 건강한 사람이 차로 소량 마시는 것은 건강에 전혀 문제가 될 수 없다.

Q6. 차 종류별로 마시기 좋은 시간대가 있나요?

차 하면 생각나는 나라는 영국과 중국이 있다. 중국에서는 차를 예술로 여기며 습관처럼 마시고 손님을 접대할 때 차로 접대하는 문화가 있고, 영국은 차를 시간을 정해 두고 마시는 문화가 있는데, 영국의 브랙퍼스트 티(Breakfast tea), 애프터눈 티(Afternoon tea) 등이 있다. 정말 차를 마시기 좋은 시간대가 있는지, 있다면 어떤 시간대인지 대표적인 차로 알아보자.

1. 녹차
녹차의 다양한 성분 중에서 눈에 띄는 두 가지 성분이 있는데 바로 카테킨과 카페인이다. 카테킨의 효능으로는 항산화, 혈중 콜레스테롤 저하, 충치 예방 등 여러 가지 효능이 있고, 카페인은 잘 알려져 있다시피 중추 신경의 흥분을 일으켜 잠을 깨우는 데에 탁월하다. 또 녹차에는 식욕을 촉진하는 효과가 있어서 주로 섭취하기 좋은 시간은 오전 시간대에 아침 식후, 또는 점심 식전에 섭취해 주는 것이 효과적이라고 볼 수 있다.

2. 홍차
홍차는 찻잎을 쪄서 완전 발효시킨 것을 말하며 색이 붉은색으로 올라오는 것들이 많아 홍차, 또는 녹차보다 검다 하여 블랙 티라고 한다. 차를 발효시킬수록 항산화 성분인 카테킨은 줄어들고 카페인은 증가하는 경향을 보이는데, 발효와 함께 테아플라빈이라는 성분이 또한 증가하여서 항산화 효과에서는 녹차와 홍차 모두 좋은 작용을 하는 것으로 알려져 있다. 카페인 성분이 녹차보다 많이 들어 있는 홍차는 조금 이른 시간에 마시는 것이 좋을 것으로 예상되나, 홍차에 테아닌이 풍부하게 존재하기 때문에 이른 오후까지는 무리 없이 마실 수 있는 음료이다. 물론 사람에 따라 체질에 따라 차이가 나지만 늦은 저녁에 마시기에는 좋지 않다.

3. 허브차 및 디카페인 차(루이보스 티 등)
그럼 허브티처럼 카페인이 미량이거나 존재하지 않는 차는 저녁에 먹는 것이 효과적일까? 저녁에 커피 생각이 난다면 심신 안정에 도움을 주는 루이보스 티나 캐모마일 티 같은 것들을 추천하는 경우가 많다. 하지만, 자신이 좋아하는 차의 카페인 함량이 크게 많지 않다면, 잠들기 직전 외에는 섭취 시간이 문제가 되지는 않는다. 자신이 가장 즐기는 시간대가 있다면 그 시간에 마시는 것이 차를 즐기는 가장 좋은 방법이니, 시간대에 구애받지 말고 즐거운 티타임을 갖기를 바란다.

5. 참고 문헌

1) 식품기획부, 2018 가공식품 세분시장 현황 다류 시장, 한국농수산식품유통공사, 2018.
2) 한수경, 액상차 음료 첨가물 다수 함유, 식품음료신문, 2008.
   https://www.thinkfood.co.kr/news/articleView.html?idxno=27504
3) 조성윤, "커피보다 茶"... 차 음료 시장 3000억으로 성장, 푸드투데이, 2023.
   http://foodtoday.or.kr/mobile/article.html?no=174683
4) 전은희, 국내 RTD커피&차(茶) 트렌드… 2+1, 대용량, 블랙보리 & 허브티 등 인기, 소믈리에타임즈, 2020.
   https://www.sommeliertimes.com/news/articleView.html?idxno=17088
5) 아임얼라이브 제품 상세 페이지.
   http://goldbrics.co.kr/?act=info.page&pcode=sub1_

Part 8
기능성 음료 약일까? 독일까?

Part 8.
기능성 음료 약일까? 독일까?

1. 역사

한국에서의 기능성 음료 시장은 소비자의 인식상에서 크게 스포츠 음료와 에너지 음료로 나누어진다. 스포츠 음료 시장은 2022년 기준 약 5,136억 원 정도의 규모로 전년(4,539억 원) 대비 13.2% 신장하였다. 에너지 음료 시장은 2022년 기준 약 3,550억 원 정도의 규모로 전년(2,961억 원) 대비 19.9% 신장하였다. 이 두 세분화 시장의 공통점은 아웃도어 상황에서의 수분 보충이나 에너지 보충을 위해서 음용한다는 것인데, 사회적 거리두기로 인하여 외부 활동이 줄어들어 시장은 감소하였다가 점진적으로 사회적 거리두기가 해제되며 다시 성장한 것으로 보인다.

1) 스포츠 음료

현재 스포츠 음료 시장을 양분하고 있는 브랜드는 게토레이(롯데칠성음료)와 포카리스웨트(동아오츠카)이다. 게토레이는 제일제당이 1987년, 스토클리 밴 캠프社에 기술제휴와 라이센싱을 받아 국내에 출시하였다. 또한 포카리스웨트 역시 동아식품(현, 동아오츠카)일본의 오츠카 제약과 합작 회사를 설립하면서 동년 국내에 출시되었다.

해당 브랜드들이 국내에서 스포츠 음료라는 신규 시장을 개척한 후 각종 스포츠 대회의 후원 및 적극적인 마케팅 활동을 통하여 시장의 규모를 성장시켜 나가자 경쟁사에서는 아쿠아리스(코카콜라), 이오니카(해태음료), 맥켄레이(일화), 마하세븐(롯데칠성음료) 등의 브랜드를 출시하기도 하였다.

2) 비타민 음료

국내의 비타민 음료 시장은 크게 2번의 변화가 있었다.

첫 번째는 2001년 3월, 광동제약에서 출시된 비타500의 등장이었다. 그동안 박카스로 대표되는 드링크 제품들은 자양 강장 및 피로 회복을 고객들에게 소구하고 있다.

하지만 비타500의 경우 국내에서 최초로 "마시는 비타민C"라는 콘셉트로 소비자들에게 소구하여 출시 첫해에만 6천만 병의 판매 실적을 세웠다. 한 병에 비타민 C가 700mg이 들어 있으며 이는 레몬 20개, 오렌지 15개, 사과 60개의 분량이라고 소비자들이 인지하기 쉽도록 마케팅 활동을 펼친 점이 성공 요인이었다.

비타500의 성공 이후 비타1000(동화약품), 제노비타(CJ), 비타파워(롯데칠성)등 미투 제품들이 출시되기도 하였다.

두 번째는 비타민 워터 카테고리의 등장이었다.

2007년 5월, 세계 최대의 음료 업체인 코카콜라사는 건강 음료 회사 글라소의 "글라소 비타민 워터" 부문을 41억 달러에 인수하였다. 이는 비탄산음료 카테고리에서의 경쟁력을 강화하고자하는 의도였다고 한다. 해외에서 인기를 끌던 비타민 워터는 기존 한국 비타민 드링크 시장의 강력한 경쟁자로 떠올랐다. 비타민 워터 V12(푸르밀/2008년 5월)를 시작으로 글라소 비타민 워터(코카콜라/2009년 6월), 라이프 워터(롯데칠성/2009년 6월) 등의 제품들이 국내 시장에서 인기를 끌기 시작하였다. 이는 건강에 대한 소비자들의 니즈는 물론 비타민 워터의 패키지가 가지는 원색적인 컬러가 일종의 패션 아이템으로 사용되었기 때문이기도 하였다.

3) 에너지 음료

전 세계 에너지 음료의 원조는 일본의 다이쇼제약에서 1960년 출시된 리포비탄이라는 자양 강장제이다. 리포비탄을 모델로 하여 출시된 유명 브랜드들은 끄라팅 댕(태국, 1962년)과 레드불(오스트리아, 1984년) 등이 있다. 한국에서는 현재 널리 알려져 있는 에너지 음료(탄산과 카페인이 들어간 달콤한 캔 음료) 이전에 자양 강장 드링크 개념의 박카스(동아제약, 1963년)와 구론산 바몬드(영진약품, 1963년) 등의 브랜드들이 존재하였다.

중년층 이상의 타깃으로 시장이 형성되어 있던 에너지 음료 시장은 2010년 롯데칠성음료에서 핫식스를 출시하며 젊은 층으로 타깃이 확대되었다. 핫식스의 인기 및 레드불의 정식 수입(2011년) 이후 번인텐스(코카콜라/2011), 에네르기(해태음료/2010), 록스타(웅진/2012) 등 음료 회사는 물론 쏠플러스 (일양제약/2012) 등의 제약 회사에서도 잇따른 제품을 출시했다.

2. 대표 제품 및 트렌드

1) 대표 제품

분류	업체명	제품명	사진	설명
스포츠 음료	동아오츠카	포카리스웨트		1987년 출시되어 우리나라 이온 음료 시장 개척 및 꾸준히 1위로 사랑받는 음료로, 체액과 비슷한 성분으로 빠른 흡수를 통해 운동 및 갈증 해소뿐 아니라 감기, 숙취 해소 등으로 인해 많이 찾고 있는 가장 일상적인 음료로, 수분 공급을 위한 이온 음료의 대명사로 자리매김함.
비타민 음료	광동제약	비타500		가루, 알약 등으로 섭취하던 비타민C를 2001년 광동제약이 최초로 '마시는 형태'로 출시해 선풍적 인기를 끌었으며, 약국 및 편의점 등 일반 유통 채널을 활용해 우리나라 대표 비타민 음료로 자리 잡음.
에너지 음료	동아제약	박카스		1961년 알약 형태의 자양 강장제에서 시작해 물 없이 간편하게 복용해 피로 해소와 영양을 섭취할 수 있어 꾸준히 소비자들에게 사랑받는 우리나라의 대표적인 자양 강장 음료.

(1) 스포츠 음료

가. 포카리스웨트

1987년 출시되어 우리나라 이온 음료 시장을 개척하였고, 3500억 원 수준의 국내 이온 음료 시장에서 50%에 달하는 시장 점유율을 자랑하며 꾸준히 이온 음료 시장 1위로 사랑받는 포카리스웨트는 사람의 체액과 비슷한 성분으로 수분 보충이 필요한 상황에서 체내에 빠르게 흡수된다는 특징으로 운동 상황뿐 아니라 감기, 숙취, 등 일상에서 다양하게 활용된다.

포카리스웨트가 출시된 1987년은 86아시안 게임을 마친 뒤였고 88서울 올림픽을 1년 앞둔 시기로, 스포츠에 대한 국민들의 관심이 고조되고 경기 호황과 소득 증가로 여가와 레저 스포츠를 즐기는 인구가 늘어남에 따라 동아 오츠카에서 일본 오츠카제약주식회사로부터 생산 기술을 도입해 출시했다.

1973년 신제품을 고민하던 연구원은 멕시코로 출장을 떠났다. 멕시코에서 식수가 맞지 않아 입원을 하게 되었고 마실 물이 주스와 탄산음료밖에 없었다. 긴 수술을 끝내고 링거액으로 수분 보충을 하던 의사를 떠올린 연구원은 마시는 링거액이라는 아이디어를 생각해 내었다.

주사용 생리 식염수를 식용으로 먹기 쉽도록 맛을 조절하고 전환하는 것은 결코 쉬운 일이 아니었지만, 일본 아코 지역의 소금맛 만두에서 힌트를 얻어 소금맛과 단맛을 절묘하게 조합하고, 자몽 과즙을 첨가해 고유한 맛을 완성했다.

1987년 캔 제품으로 처음 출시된 포카리스웨트는 1.5L 제품뿐 아니라, 500ml, 620ml, 1.8L, 340ml, 900ml 다양한 용량의 제품들이 2013년까지 출시되었으며, 생수에 타서 마시는 분말 제품도 선보여 간편한 휴대성으로 캠핑, 등산 등의 야외 활동과 군인들을 위한 선물로 애용되고 있다.

이처럼 포카리스웨트는 '이온 음료=스포츠 음료'라는 공식을 깨고 소비자들에게 가장 일상적인 음료, 수분 공급을 위한 이온 음료의 대명사로 자리매김했다.

나. 게토레이

1965년 개발돼 지금까지 50년이 넘는 역사를 가진 스포츠 음료 게토레이. 게토레이는 미국 플로리다 대학교 풋볼팀 게이터스(Gators)를 위해 만들어진 전용 음료수였다. 1965년 여름 선수들이 혹독한 훈련과 경기로 열사병을 앓거나 심각한 체중 감소로 체력이 현저하게 떨어져, 담당 코치가 같은 학교 의과대 부교수 로버트 케이드(James Robert Cade) 박사를 찾아가 땀으로 잃는 손실을 대체하고 활력을 불어넣어 줄 음료를 개발하게 되었고, 체내에 빠르게 흡수될 수 있는 혼합액에 레몬주스로 단맛을 낸 음료를 만들어 이 음료를 마시기 시작한 다음 해 게이터스는 역대 최고의 성적을 냈다.

게이터스의 활약으로 모든 미식축구 팀에서 게토레이를 탐내게 되었고, 1967년 스토클리밴캠프(Stokely-van-Camp)가 게토레이의 생산과 판매 라이선스를 매입해 상업화되어 팔리기 시작했다. 2001년 게토레이의 모회사를 인수한 펩시코(PepsiCo)는 다양한 플레이버의 제품을 출시하며 라인업을 확장했다.

우리나라의 경우 1982년부터 스톨리밴캠프가 제일제당과 기술 제휴 의사를 타진했으나, 86 아시안게임, 88서울올림픽을 겨냥해 제일제당은 자체 개발을 택해 '아이소퀵'을 개발했는데, 스톨리밴캠프 측이 이원화 불가 방침을 고수했을 뿐 아니라 시음 테스트 결과 '게토레이'가 뛰어나다는 평을 받아 우리 입맛에 맞게 포뮬러를 조정, 제조해 '세계적인 본격 스포츠 음료'를 내세워 출시하게 되었고, 2001년 롯데칠성음료가 CJ제일제당으로부터 음료사업 부문을 인수하며 현재는 롯데칠성음료의 게토레이가 시장에서 활약 중이다.

다. 파워에이드

코카콜라에서 1988년 출시한 파워에이드는, 초반 게토레이의 경쟁작으로 시작해 그리 순탄치 못했다. 게토레이와 별반 차이 없는 노란색 레몬 맛으로 출시해 경쟁에 밀렸으며, 1997년 시원함을 강조하는 콘셉트를 도입해 파란색을 이미지 색상으로 한 '마운틴 블라스트'를 내놓으며 게토레이의 입지를 조금씩 따라잡기 시작했고, 파란색으로 식욕을 잃는 사람들을 겨냥한 '레몬 익스플로전'을 출시해 1990년대 후반 게토레이를 따라잡게 되었다.

파워에이드는 모회사인 코카콜라의 자본력과 후원을 바탕으로, 세계 양대 스포츠 이벤트인 월드컵과 올림픽, 패럴림픽의 공식 스포츠 음료로 지정되어 다양한 스포츠 이벤트를 통해 노출해 스포츠의 열정과 파워를 담은 저칼로리 스포츠 음료의 자리를 굳히게 되었다.

우리나라에서는 1995년 봄에 레몬 맛의 노란색이 먼저 출시되었고, 새로운 색상과 맛이 들어간 제품을 순차적으로 선보였는데, 가장 대표적인 마운틴 블라스트(파란색), 마이티포스(빨간색), 아쿠아 파워 플러스(하얀색), 골드 러쉬(주황색), 라이트 타입인 마운틴 블라스트 제로(옅은 파란색), 퍼플 스톰(보라색) 등을 선보였다.

최근에는 파워에이드에 프로틴을 더한 신제품 '파워에이드 프로틴 10g'을 출시해 포도향 파워에이드에 프로틴 10g을 더해 운동 중 손실되기 쉬운 수분과 전해질, 단백질까지 동시에 보충할 수 있는 음료를 출시해 COVID-19 이후 운동과 홈 트레이닝에 관심이 높아진 소비자들에게 다시 한번 관심 받고 있다.

(2) 비타민 음료

가. 비타500

2001년 광동제약이 출시한 비타500은 기존 과립, 정제, 트로치 형태로 대표되던 비타민C 시장에서 발상의 전환으로 '마시는' 형태, '약국'이라는 채널의 한계성을 극복해 슈퍼 편의점 등 일반 유통 채널을 활용해 과감하게 도전한 신제품으로, 우리나라의 대표 비타민 음료로 자리 잡았다.

사실상 비타500은 건강 보조 제품과 유사한 느낌으로 소비자와 커뮤니케이션하지만, 일반 음료수는 식품위생법상 혼합 음료로 분류되는 비타민C 500mg이 함유된 음료에 불과하나, 기존 드링크 시장을 선점하고 있던 박카스의 경우 일반의약품으로 분류되어 약국에서만 판매할 수 있었고, 박카스는 '진짜 피로회복제는 약국에 있습니다.'라는 카피를 내세워 소비자들에게 알렸으나, 소비자 인식상에서 비타500은 박카스와의 경쟁/유사 제품으로 자리 잡아 박카스가 의약외품으로 추가되기 전까지 기존 박카스가 활동할 수 없던 온라인 및 편의점 등 다양한 시장을 장악할 수 있었다.

물론 비타500이 박카스와 달리 채널 다양성으로 대성공하는 동안, 시중에 유사한 제품들이 많이 출시되어 한동안 매출에 좋지 않은 영향을 미쳤는데 타사 제품들은 비타500에 비해 미묘하게 쓴 뒷맛을 잡지 못해 많이 줄어들게 되었고 광동제약의 수익은 개선되었다고 한다.

비타500은 이효리, 수지, 블랙핑크의 제니 등 다양한 톱스타들을 기용한 광고로 소비자들에게 인지를 더욱 강화시켰고, 톱스타뿐 아니라 펭수와의 콜라보, 구슬아이스크림, 비타500에 이슬, 뽀로로의 루피 등 다양한 캐릭터와 카테고리의 제품, 브랜드와 콜라보해 소비자들에게 마시는 비타민C로써의 입지를 다지고 있다.

최근에는 제로 트렌드에 맞춰 기타 과당을 뺀 비타500 제로로 다시 한번 소비자들의 관심을 받고 있다.

나. 비타민 워터

비타민 워터는 미국의 글라소에서 2000년에 출시한 음료이다. '비타민+워터'의 건강한 콘셉트, 헐리우드 스타 마케팅, 재치 있는 홍보 문구와 빨강, 노랑 등 선명한 색상으로 빠르게 새로운 건강 음료 시장을 장악하였다. 이후 2007년 제조사인 글라소는 코카콜라에 42억 달러에 인수되었고 우리나라를 포함한 전 세계에 판매되고 있다.

비타민 워터 시장이 급격히 성장하자, 롯데칠성음료에서는 2011년 '데일리C 비타민 워터'를 출시하였다. 그리고 글라소의 제품과의 차별화를 위하여 영국산 비타민C(퀄리C)를 사용하였다.

하지만 건강을 위해 마시는 비타민 워터 500ml 한 병에 약 20g의 당분이 들어가고(성인의 하루 섭취 권장량은 25g 이하), 정작 비타민 함량은 100ml로 환산 시 생각보다 낮은 것으로 알려지며 논란이 되기도 했다. 최근 제로 칼로리 비타민 워터를 출시하는 등 다시 한번 소비자의 신뢰를 얻기 위한 노력을 하고 있다.

(3) 에너지 음료

가. 박카스

1961년 강신호 동아쏘시오그룹 명예 회장은 독일 유학 시절 함부르크 시청 지하에서 봤던 술의 신 '바커스(Bacchus)' 석상에서 따와 우리말로 발음하기 편한 이름 '박카스'로 알약(정제)으로 된 자양 강장제를 출시한다.

알약 박카스는 출시와 함께 돌풍을 일으켜 품절 사태까지 빚었지만 날씨가 더워지자 알약의 외부를 감싸는 껍질(당의)이 녹는 문제가 발생해 대량 반품 사태가 발생하며 위기가 찾아왔다. 이듬해에는 작은 유리병 안에 용액을 넣은 앰플형 박카스를 새로 선보였지만, 이 또한 운송 중 용기가 깨지는 문제가 발생해 결국 1963년 지금과 같은 드링크 형태의 박카스를 출시했다.

이때 사용된 디자인을 현재까지 다듬고 활용해 올해로 60년을 맞이하면서 한결같은 아이덴티티(Identity)를 유지하고 있는 박카스는 1976년 정부의 카페인 오남용 우려로 인한 자양 강장제 대중 광고 금지로 인한 매출의 제자리걸음, 1989년 FDA의 사카린 발암 물질 규정으로 인해 스테비오사이드로 대체하는 등 다양한 위기를 겪었지만 꾸준히 현재까지 사랑받고 있다.

물 없이 간편하게 복용해 피로 해소와 영양을 모두 챙길 수 있는 이점으로 사랑받으며 대한민국의 노동을 대표하던 자양 강장제 박카스는, 1998년 외환 위기 등으로 침체된 사회 분위기 속에서 젊은 세대에 주목하기 시작해 '박카스와 함께하는 국토 대장정'을 시작으로 청춘을 향한 긍정적인 응원 메시지 등을 통해 젊은 세대 소비자들 기억에 남고 사랑받는 다양한 광고 및 마케팅 활동들을 펼치고 있다.

2011년에는 박카스를 일반 의약품에서 의약외품으로 변경해 약국에 이어 편의점과 마트로 판로를 넓히고자 했고, 약국의 반발을 줄이고자 약국용(박카스 D-타우린 2000mg), 편의점&마트용 (박카스 F-타우린 1000mg, DL-카르니틴 성분 함유), 최근에는 카페인을 우려하는 소비자들을 겨냥한 디카페인 제품을 선보였을 뿐만 아니라, 카카오, 배스킨라빈스 등 유명 브랜드들과 콜라보 진행 및 박카스맛 젤리 등을 선보이며 젊은 소비자들에게도 더욱 친근하게 다가가 2022년 누적 판매 227억 병을 돌파했다. 대한민국 대표 자양 강장제 박카스의 앞으로의 행보가 기대된다.

나. 핫식스

2010년 출시된 핫식스는 국내 최초의 에너지 음료다. 제품명은 '6시간 지속되는 핫한 에너지'라는 뜻을 가지고 있으며, 국내 에너지 음료 시장을 선도하는 1위 브랜드로 자리매김하고 있다.

과라나 추출물의 새콤달콤한 맛에 톡톡 튀는 탄산이 함께 어우러져 색다른 상쾌함을 즐길 수 있으며, 카페인과 타우린을 함유하고 있어 업무, 파티, 공부, 게임, 스포츠 활동 등에서 인기가 있다. 특히, '지치지 않는 에너지'가 필요한 다양한 상황에서 사랑받고 있는 음료라 할 수 있다.

2) 트렌드

음료가 맛을 넘어서 기능적인 가치를 기대하는 카테고리로 성장하기 시작한 것은 경제적 상황이 나아지면서 국내 프로 야구 출범, 96 아시안게임, 88 서울 올림픽 등 스포츠 이벤트가 많아지기 시작한 1980년대이다. 특히 88 서울올림픽이라는 빅 이벤트를 앞두고, 글로벌 스포츠 음료들이 국내 업체와 손을 잡고 적극적으로 도입되기 시작했다.

(1) 운동 후에 마시는 스포츠 음료

1987년 제일제당이 미국 Stokely-van-Camp사와 제조, 판매 라이선스를 맺고 '게토레이'를 출시하여, 운동 후 빠르게 수분을 보충하고 갈증을 해소하는 스포츠 음료의 개념을 국내에 알렸다. 또한 1987년 동아식품(現동아오츠카)은 일본 오츠카제약과 합작하여 '포카리스웨트'를 국내에 출시해 '파란색=스포츠 음료'라는 이미지를 구축함과 동시에, 미네랄과 염분을 보충할 수 있는 'Isotonic drink(아이소토닉 드링크)'를 줄인 '이온 음료'라는 명칭을 시장에 알린 제품이다. 1986년에는 코카콜라에서 '아쿠아리스(Aquarius)'라는 이온 음료를 출시하였으나, 국내 포카리스웨트, 게토레이 인기에 밀려 단종되었다. 한편 스포츠 음료 외에도 미용 목적의 음료도 출시되기 시작하였는데, 대표적인 제품으로는 1989년 출시된 현대약품의 '미에로화이바'로, 식이섬유를 함유해 몸매 관리를 위한 여성을 타깃으로 하였다.

스포츠 음료 시장이 해외 라이선스 도입으로 국내에 활성화되면서, 1990년대에도 롯데칠성음료의 '마하세븐'과 같이 국내 업체들이 독자 개발한 스포츠 음료들이 출시되었으나, 성공적인 시장 안착은 하지 못하였다. 특이한 패키지나 컬러가 들어가 있는 스포츠 음료들이 초등학생 사이에서 인기를 끌기도 하였다. 대웅제약의 '에너비트'(1995년 출시)는 파우치에 들어간 이온 음료로, 아이들 사이에서 소풍 필수 제품으로 인기를 끌기도 하였고, 해태음료(해태htb)의 '썬키스트 네버스탑'(1998년 출시)은 파란색, 연두색 등의 컬러감이 들어간 패키지 바디와, 손쉽게 음용할 수 있는 특수한 캡을 장착해 아이들의 주목을 끌면서도 섭취하기 쉬운 음료수로 90년대를 풍미한 스포츠 음료이다. 코카콜라의 '파워에이드'는 파란색 등 컬러감과 스포티한 패키지 디자인을 바탕으로 큰 인기를 끌었고, 현재까지도 시장에 성공적으로 안착한 스포츠 음료이다.

(2) 더욱 다양해진 옵션

2000년대 웰빙, 몸짱 트렌드에 접어들면서, 남성 및 학생들 사이에서 인기를 끌던 스포츠 음료의 기능성이 더욱 세분화되고, 비타민 함유 등 소비자층이 넓어진 음료들이 많이 출시되었다. 해태음료는 저칼로리이면서도 단백질의 기본 성분인 아미노산을 함유한 '아미노 업'(2004년 출시)을 출시하면서 국내 아미노산 음료 트렌드를 활성화시켰고, 롯데칠성의 '아미노 플러스 마이너스', 동아 오츠카의 '아미노 벨류' 등이 연이어 출시되었으나, 기존 스포츠 음료와의 차별화를 소비자들에게 전달하지 못하면서 2000년대 중반 반짝 시장을 형성하고 사라졌다. 하지만 2001년 출시된 광동제약의 '비타500'은 알약으로나 섭취하던 '비타민'을 편의점에서도 손쉽게 사 마실 수 있다는 새로움(newness)을 시장에 제공하여 현재까지도 성공적으로 시장에 안착함과 동시에 비타민 음료의 시장을 연 제품으로 평가받고 있다.

(3) 물처럼 마시는 건강한 음료

2010년대에는 여성들이 쉽게 마실 수 있는 기능성 음료가 인기를 끌었다. 강렬한 운동 후 섭취하는 스포츠 음료가 아니라, 간단한 데일리 운동 후 섭취할 수 있는 음료, 지속적으로 섭취하면서 나를 가꿀 수 있는 음료가 필요해졌기 때문이다. 롯데칠성의 '데일리C 비타민 워터', 코카콜라의 '글라소 비타민 워터'는 다양한 컬러감과 깔끔하고 기능적인 패키지를 바탕으로 물처럼 편하게 마실 수 있는 가벼운 맛의 비타민 음료로 여성 소비자들을 주 타깃으로 하여 시장에 진입하였다. 또한 너무 스포티한 패키지와 컬러감, 맛이 부담스러웠던 여성 소비자들을 타깃하여, 롯데칠성음료의 '2% 아쿠아', 코카콜라의 '토레타' 등이 풍부한 수분감과 가벼운 청량감을 앞세워 출시되었다.

(4) 에너지가 필요한 시대

또한 각성 효과가 있는 고카페인 음료인 '에너지 드링크'가 새로운 음료 카테고리로 부각되기 시작하였다. 동서식품에서 수입하는 오스트리아 음료 '레드불', 롯데칠성음료의 '핫식스', 미국의 '몬스터에너지'가 대표적으로 국내에서 판매되고 있는 에너지 드링크로, 시험 기간 대학생 및 업무에 시달리는 직장인들 사이에서 인기를 끌었다. 또한 에너지 드링크를 술에 타 마시는 유행도 생겨나면서, 에너지 드링크의 각성 효과와 young(젊은)한 이미지가 시장 내에 형성되었다.

(5) 부담감을 낮추고 가볍게

2020년대에 들어서는 COVID-19를 겪으며 건강 관리에 대한 소비자 염려가 늘어나고, 팬데믹(pandemic) 기간 동안 격렬한 운동이나 스포츠 이벤트가 줄어들면서, 가볍게 마실 수 있는 음료들이 더욱 선호되고 있다. 에너지 드링크도 카페인 함량을 낮추거나 과일 맛 등 다양한 맛을 내면서 소비자들의 음용 부담감을 줄였다. 또한 제로 칼로리라는 음료의 메가트렌드(mega trend) 역시 스포츠, 에너지 음료에도 적용되면서, 제로 칼로리 이온 음료(동원 F&B 투명이온), 에너지 드링크(레드불 슈가프리, 핫식스 더킹 제로) 등이 대거 출시되고 있다.

3) 광고

회사	동아오츠카
제품명	포카리스웨트
광고연도	2001
Key Copy	몸속으로 보내는 파란 메시지 내몸에 흐르는 이온
모델	손예진
광고 스냅샷	
URL	

회사	롯데칠성음료	
제품명	게토레이	
광고연도	2020	
Key Copy	승리의 순간! 게토레이!	
모델	이강인	
광고 스냅샷		
URL		

Part 8. 기능성 음료 약일까? 독일까? 201

회사	코카콜라
제품명	파워에이드
광고연도	2023
Key Copy	스포츠가 있는 곳에, 파워에이드
모델	장은실, 천성훈
광고 스냅샷	
URL	

202 마시다

3. 제조 과정

1) 정의

기능성 음료

단순한 갈증 해소를 넘어 비타민, 미네랄, 식이섬유 등의 성분들을 함유하고, 기능성을 강조한 음료를 말하는데, 스포츠 음료나 에너지 드링크 등이 대표적이다.

(1) 스포츠 음료

운동 전후에 전해질과 수분을 보충으로 만들어진 음료를 말하며 해외에서는 스포츠 음료 국내에서는 이온 음료로 잘 알려져 있다.

(2) 비타민 음료

통상 자양 강장제라는 단어를 사용하며, 국내에서는 비타민C를 넣은 병 음료가 주 제품이다. 최근에는 비타민C 외에도 B군 등을 넣은 제품이 있으며 주로 당이 많이 들어 있으며 혼합 음료의 형태이다.

(3) 에너지 음료

운동 외에도 육체 피로 시 일시적 각성이 필요할 때, 집중력 및 민첩성 향상 등 신체 능력을 극대화하기 위해 개발되었으며, 일반적으로 카페인이 함유된 음료들을 말한다. 카페인 외에도 타우린, 아르기닌, 아모니산 등을 첨가하며, 주로 청량감을 위해서 탄산을 넣고 신맛과 단맛을 가진 탄산음료의 형태이다

2) 제조 공정

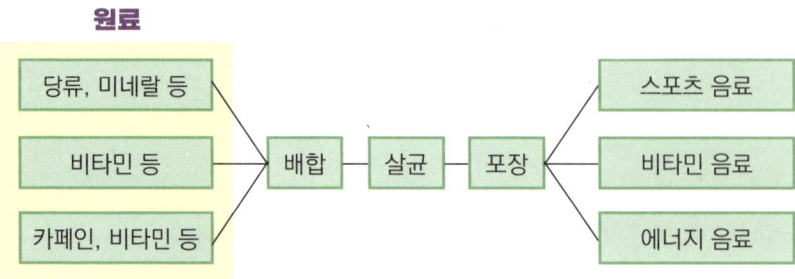

(1) 스포츠 음료

원료의 종류와 비율을 정하기 위해서 당류 시스템, 전해질 함량 및 삼투압을 고려한다. 당류 시스템에서는 우선 당류의 총량을 결정한다. 당류가 많아지면 에너지원이 많아지지만, 위에 머무르는 시간이 길어지므로 에너지를 흡수하는 속도가 줄어든다. 당류의 종류는 포도당, 설탕, 덱스트린 등 여러 종류를 사용하는데 각각 다른 전해질 함량과 삼투압을 보이므로 목표한 값을 맞추기 위해 적절히 조합한다. 전해질로는 나트륨, 칼륨, 칼슘, 마그네슘 등이 사용되고 사용 함량은 통상 땀과 동일한 수준으로 맞춘다. 삼투압도 우리 몸의 혈액을 구성하는 액체인 혈장과 동일한 값으로 맞춘다. 제조 공정은 통상적인 음료 제조와 동일하다. 정해진 배합비에 따라 원료를 계량하고 정제수에 용해하여 제품 규격에 맞도록 표준화 작업을 진행하고 살균 혹은 멸균 공정을 거친다. 열처리 후 캔이나 PET병에 충진하여 포장한다.

(2) 비타민 음료

비타민 음료는 통상 비타민C를 주로 활용한다. 비타민C 외에도 에너지 대사를 촉진시키기 위해 비타민B나 아연을 넣기도 하고 각성 효과를 위해 카페인 원료를 조금 넣기도 한다. 비타민C는 사용량이 병당 500mg 이상으로 꽤 많은 함량이어서 단일원료인 비타민C를 사용하지만, 비타민B는 B1(티아민), B2(리보플라빈), B3(나이아신), B5(판토텐산), B6(피리독신), B9(엽산) 등 종류에 따라 일일 권장량이 다르고 사용량이 미량이기 때문에 미리 조제된 비타민 복합원료를 사용하기도 한다. 이런 비타민들은 열처리 온도에 따라 일정량이 파괴되고 종류별로 파괴율도 다르므로, 반드시 설계값과 분석값을 비교하여 부족한 부분을 설계에 반영한다. 제조 공정은 통상적인 음료 제조와 동일하다.

(3) 에너지 음료

카페인 소스로 카페인 함유 원료인 과라나(추출물) 등을 사용한다. 에너지 대사를 촉진시키기 위한 비타민 B군 외에 비타민 C, 타우린 등을 넣기도 한다. 에너지 음료의 각성 효과는 주로 카페인에 의한 것으로 다른 성분들은 보조 성분으로 활용된다. 제조 공정은 통상적인 음료 제조와 동일하며 청량감을 위해서 탄산을 주입하기도 한다.

4. 현직자와 함께하는 Q&A

Q1. 비타민 음료(ex 비타500)와 비타민 영양제(ex 건기식)와의 비타민 함량은 어떻게 다른가요?

제품 사진			
제품명	광동제약 비타500	광동제약 광동비타민C 1000mg 정	광동제약 비타500데일리 스틱
제품 유형	혼합 음료	건강기능식품 (비타민C)	건강기능식품 (비타민C, B12, B6, B12, B2)
비타민 함량	비타민C: 500mg, 비타민B2: 1.2mg, 아연: 3mg	비타민C: 1,000mg	비타민C: 500mg, 비타민B1: 0.36mg, 비타민B2: 0.42mg, 비타민B6: 0.45mg, 비타민B12: 0.72ug

비타민의 경우 동일한 함량이라도 건강기능식품도 일반 식품도 될 수 있으며 이 기준은 제품의 음용 목적에 따라 공급 업체가 어떻게 허가를 내느냐에 따라 달라진다.

다만 건강기능식품으로 허가받기 위해서는 일반 식품과 달리 적용되는 몇 가지 기준이 존재한다. 먼저, 비타민 건강기능식품으로 허가받기 위해서는 식품의약품안전처에서 권장하는 일일 영양 성분 기준치의 30% 이상이 제품에 포함되어야 한다. 비타500이 1일 섭취량의 500%에 해당하는 비타민C 함량으로 시장을 장악한 이후 출시된 대부분의 비타민 음료는 비타민C를 500% 이상 혹은 1000% 포함하고 있기 때문에 대부분 비타민 음료 제품은 건강기능식품으로 허가받을 수 있을 정도의 비타민을 포함하고 있다.

그 외에도 건강기능식품의 경우 원료 자체에 상한 기준치가 존재한다는 점이 일반식품과 차이점이다. 건강기능식품의 경우 유통기한 내 제품에 표기된 비타민 함량이 건강기능식품의 기준 및 규격에 표기된 표시량 범위 내로 검출되어야 한다. 비타민C의 경우 일일 섭취량은 30~1,000mg으로 권장되고 있으며, 표시량의 80~150%를 최종 제품의 규격 범위로 설정되어 있다. 비타민이 표기된 일반 식품의 경우 최종 제품의 규격 범위의 상한치가 존재하지 않기 때문에 표시량의 80% 이상이 유통기한 내 분석되어야 한다. 이런 기준 때문에 비타민 함량이 동일한 건강기능식품과 일반 식품을 찾을 수 있다.

일반 식품에 속하는 비타민 음료들의 경우 소비자의 기호를 위해 사과 과즙, 향 등이 포함되어 맛있게 즐길 수 있다는 특징이 있다. 정제 혹은 하드 캡슐 등의 형태를 갖는 건강기능식품 제품들의 경우 부피가 작고 휴대가 편하다는 특징이 있다. 따라서 비타민 함량이 동일한 건강기능식품과 일반 식품 중에 선택을 고민하고 있다면 개인의 취향에 맞는 제품을 선택하여 섭취하는 것을 권장한다.

Q2. 먹는 물과 스포츠 음료의 영양적 차이점은 무엇일까요?
(영양 성분, 전해질, 비타민/미네랄 등)

물과 이온 음료의 영양적 차이를 비교해 보면, 먼저 영양 성분의 경우 물은 에너지원을 주는 성분이 포함되지 않으므로 영양 정보를 따로 표기하지 않는다. 이와 달리 이온 음료의 경우, 대부분 당류를 에너지원으로 제품별 칼로리를 가지고 있다.

또한 미네랄 성분 비교 시, 공통적으로 나트륨, 칼륨, 칼슘, 마그네슘 정보를 제공하며 물보다 이온 음료에서 다량의 미네랄 성분을 포함하고 있다. 이온 음료의 미네랄 성분은 땀(체액)에 함유되어 있는 미네랄 성분과 유사한 조성으로 이뤄져 있어 흡수가 빠르고 자발적 탈수 현상을 예방할 수 있어 운동 후 땀을 흘린 뒤에 이온 음료를 찾기도 한다.

이온 음료 제품별 특징도 다르다. 포카리스웨트와 게토레이/파워에이드의 가장 큰 차이는 제품의 탄생 역사에서 알 수 있다.

포카리스웨트는 1980년 주사액용 생리 식염수를 만들어 왔던 일본의 오츠카 제약사에서 사람의 체액에 가까운 조성 및 삼투압이 되도록 이온 농도를 조절하여 개발한 제품이다. 때문에 게토레이와 파워에이드보다 더 많은 나트륨이 함유되어 있다.

게토레이(펩시코)는 1965년 미국 플로리다 대학교 의료진이 학교 미식축구팀을 위해 탄수화물과 전해질 보충을 돕기 위해 만들었고, 파워에이드(코카콜라)는 1987년에 격렬한 운동선수를 위한 음료로 제작되었다. 즉, 두 음료 모두 운동 중 손실된 에너지와 전해질을 보충할 수 있으며, 미네랄 함량도 크게 차이가 나지 않는다.

나트륨과 칼륨은 체내 수분 분포를 유지하게 도와주는 필수 전해질이지만 운동 시 땀으로 소실된다. 다만, 이러한 음료 모두 몇 시간 동안 많은 에너지를 소모하고 땀을 흘리는 사람들을 위해 고안되었으므로, 가벼운 운동을 하는 경우에는 물을 섭취하는 것이 더 건강한 선택이 될 수 있다.

영양 성분	물		이온 음료	
100ml 기준	삼다수	아이시스	포카리 스웨트	파워에이드
이미지				
미네랄 함량(mg/L)				
나트륨	4.0~7.2	13.6~23.9	483	531.3
칼륨	1.5~3.4	0.4~0.5	195	132.6
칼슘	2.5~4.0	20.2~25.0	20	12
마그네슘	1.7~3.5	5.4~7.6	6	6
영양 정보(/100ml)				
칼로리(kcal)	-	-	24	10
탄수화물(g)			6	2.5
당류(g)			5.8	2.5
단백질(g)			0	0
지방(g)			0	0

*자발적 탈수 현상: 목마름은 멈추지만, 체내 전해질을 원래대로 맞추기 위해 수분을 다시 배출하는 현상.

Q3. 숙취 해소에 이온 음료가 도움이 될까요?

음주 시 이온 음료를 섭취하면 더 취한다는 말이 있었다. 하지만, 이는 이온 음료가 체내 수분 흡수를 돕는 것과 같이 알코올 또한 빠르게 흡수될 것이라는 낭설에서 비롯된 것이다. 오히려 음주 시 섭취하게 되는 이온 음료는 알코올을 희석시켜 숙취 완화에 도움을 줄 수 있다.
또한 과당이 함유되어 있는 이온 음료의 경우 알코올 분해 과정에 도움을 줄 수 있다.
이렇게 음주 시 이온 음료를 같이 섭취하게 되면, 원활한 수분 보충 및 전해질 보충으로 인한 소변 배출로 알코올 배출에 도움을 줄 수 있고 따라서 숙취 해소에도 도움이 된다.

Q4. 경구 수액(전문 의약품)과 이온 음료(일반 식품)의 차이점은 무엇인가요?

경구 수액은 정맥으로 주사되는 수액을 음료로 섭취할 수 있도록 만든 것을 말한다. 경구 수액은 1960년대 Robert Crane에 의해 소장에서 나트륨과 포도당이 짝을 지어 흡수된다는 사실이 증명되면서 개발되었고 이후 세계보건기구(WHO)에 의해 표준 경구 수액으로 홍보되었다.
경구 수액의 포도당, 나트륨이라는 조성은 이온 음료에 함유되어 있는 당, 전해질과 비슷해 보이지만, 경구 수액과 이온 음료는 개발 목적이 다르고 실제 배합도 목적에 맞게 최적화되어 있다. 경구 수액은 열 탈진이나 장염으로 소실된 체액, 즉 혈장 보충이 목적이고 이온 음료는 운동 등 격렬한 신체 활동으로 인해 땀으로 소실된 전해질 보충과 에너지를 내기 위한 당 보충이 주요 목적이다.

Q5. 이온 음료는 pH가 산성인데 왜 알칼리성 음료로 홍보될까요?

이온 음료에는 약간의 당분을 비롯해 맛을 상쾌하게 만들기 위해 구연산과 같은 산을 첨가하게 되고, 이온 성분으로 보면 나트륨 이온, 칼륨 이온 등이 많이 들어 있다. 이런 스포츠 음료의 pH를 측정해 보면 pH 3.0~3.9로 강한 산성을 띠고 있는데 왜 이온 음료는 '알칼리성 음료'로 홍보되는 걸까?
식품을 알칼리성과 산성으로 분류하는 기준은 유기 물질을 완전히 제거한 상태에서의 pH를 기준으로 한다. 이온 음료는 액상으로는 산성이지만 회화(고온에서 유기물을 태워 제거하는 과정)후 남은 물질의 pH를 측정해 보면 Na, Ca^{2+}, Mg^{2+}, K^+, Fe^{2+} 등 이온의 영향으로 알칼리성으로 나타난다. 그래서 이온 음료를 "알칼리성 이온 음료"라고 말하기도 한다.
식품의 pH가 7보다 낮으면 산성으로, 그보다 높으면 알칼리성으로 구분하고 알칼리성 식품이 건강에 좋다는 이론은(1889년), 건강한 사람의 혈액이 pH 7.4이기 때문에 알칼리성 식품을 섭취해야 한다는 것에 기반하고 있다. 하지만 인체는 혈액의 pH를 조절할 수 있는 기능을 가지고 있기 때문에 섭취된 음식으로 인해 혈액의 pH가 크게 변화하기는 쉽지 않다. 현대 생리학과 영양학에서는 음식의 pH에 따른 섭취보다는 균형 잡힌 식단이 더 중요하다고 본다. 하지만 이 이론은 일부 식품 회사들에 의해 제품 홍보 수단으로 사용되기도 한다.

Q6. 에너지 음료의 효능 (에너지 활성화를 해 주는 것인가요? 아니면 각성 효과만 있는 것인가요?)

에너지 음료의 효능을 이해하기 위해서는 우리 몸에서 에너지를 만들어 내는 과정을 이해할 필요가 있다. 우리 몸의 세포는 높은 에너지를 지니고 있는 ATP(Adenosine Tri-Phosphate)라는 물질을 이용하여 에너지를 얻는다. ATP에서 인산기가 하나 떨어지면, ADP(Adenosine diphosphate)가 되는데 이 과정에서 에너지가 발생되고 세포가 이 에너지를 이용한다. 예를 들어 자극을 전달하는 신경 세포, 몸을 움직이는 근육 세포, 호르몬을 만드는 갑상선 세포 등 다양한 기능을 수행하기 위해서 이 ATP의 에너지를 이용한다.

우리가 섭취하는 탄수화물, 단백질, 지방은 우리 몸에서 소화되어 포도당, 아미노산, 글리세롤 등으로 분해되며 이 작은 물질이 대사될 때 ADP가 ATP로 전환된다. 특히 호흡을 통해 확보한 산소를 이용하면 포도당 1분자당 30~32개의 ATP를 생성할 수 있는 것으로 알려져 있다.

그렇다면 이제 에너지 음료인 몬스터에너지(코카콜라)의 주요 성분을 살펴보며 그 기능을 알아보자.

1. 설탕, 포도당: 포도당을 분해되어 ATP 생성에 이용.
2. 구연산, 구연산 삼나트륨: 몸의 피로를 느끼게 하는 젖산을 분해하고, ATP를 다량 생성하는 구연산 회로에 사용.
3. 타우린(아미노산): 근육의 에너지 생성 도움. 칼슘의 근육 세포 이동 기능 활성화.(칼슘이 근육 세포 안으로 들어가면 근육 수축, 근육 세포 밖으로 빠지면 근육 이완)
4. L-카르니틴(아미노산): 지방을 에너지로 전환하는 분해에 도움.
5. 차추출물(녹차): 카테킨을 함유하여 항산화에 도움을 줌. 카페인 함유.
6. 카페인: 각성 효과를 통해 일시적인 피로 회복 및 집중력 향상.
7. 니코틴산아미드(비타민B3): 조효소 형태로 체내의 산화 환원 반응에 관여. 탄수화물 대사, 지방산 대사 등에 관여.
8. 이노시톨(비타민B8): 지방 대사 관여, 뇌 세포 영양 공급.
9. 과라나추출분말: 카페인 함유.
10. 비타민B6염산염: 아미노산 대사에 도움.
11. 비타민B2: 체내 에너지 대사의 조효소로 사용.
12. 비타민B12: 아미노산 및 지방대사 조효소로 작용.

요약하면, 에너지원으로 사용되는 당류(설탕, 포도당), 에너지 대사를 돕는 구연산, 아미노산, 비타민B군, 각성 효과를 주는 카페인으로 구분할 수 있다.

5. 참고문헌

1) 동아오츠카, 홈페이지 FAQ, 포카리스웨트의 산도가 궁금하시다고요?
   https://www.donga-otsuka.co.kr/customer/faq/faq_list.asp?page=2&cls=1&s_kinds=&s_word=&slide=3

2) 교육부 공식 블로그, 학습자료/과학-산성과 알칼리성의 의미, 2015
   https://if-blog.tistory.com/5933

3) (사)한국과학기술단체총연합회, 월간 과학과 기술 제30권3호 통권334호, 1997
   https://scienceon.kisti.re.kr/commons/util/originalView.do?cn=JAKO199759334998283&oCn=JAKO199759334998283&dbt=JAKO&journal=NJOU00296711

4) 한국소비자원, 소비자시대 12월호, 1998
   https://www.kca.go.kr/webzine/preWebzine?oId=kca_1904

5) 이덕주, 맹물에서 다시 맹물로 돌고 도는 음료시장, 식품산업협회, 좋은식품
   https://www.kfia.or.kr/kfia/webzine/201905/2_01_food_history.html?bo_table=ev_poll

6) 김소연, 증가하는 여성 스포츠 인구…'女心' 노린 이온음료 '부활', 매일경제, 2018
   https://news.mt.co.kr/mtview.php?no=2018021413112187452

7) 롯데칠성음료 - 브랜드, 제품 등 관련 내용 및 이미지
   https://company.lottechilsung.co.kr/

Part 9
근테크를 이끄는 단백질 음료

Part 9.
근테크를 이끄는 단백질 음료

1. 역사

단백질은 생명 유지에 필수적인 영양소로서 효소, 호르몬, 항체 등의 주요 생체 기능을 수행하고 근육 등의 체조직을 구성한다. 또한 살아 있는 세포에서 수분 다음으로 풍부하게 존재하므로 식이를 통해 체내에서 필요한 단백질을 규칙적으로 공급해 주는 일로 건강 유지에 필수적이다.

3대 영양소 중 하나인 '단백질(Protein)'의 어원을 살펴보면, 그리스어 'Proteios(프로테이오스)'에서 유래된 것을 알 수 있다. 기존에 단백질을 섭취하기 위해서는 계란, 닭 가슴살 등을 섭취해야 하는데, 단백질 음료의 시작은 근감소증 등이 발생하는 노년층을 타깃으로 하여 만들어지게 되었다.

단백질 시장의 세대별 변화기

1세대 단백질	2세대 단백질	3세대 단백질
파우더 타입 (헬스용)	닭 가슴살, 귀리 (헬스용)	간식, 음료 (영양 보충용)

현재는 마시면서 쉽게 단백질을 섭취할 수 있는 음료 형태가 단백질 트렌드로 자리 잡고 있다. 단백질 식품 시장 전체를 바라보면(식품산업통계정보시스템), 2018년 890억에서 2021년 3,364억 원까지 4배 이상 증가하는 것을 확인할 수 있다.

2018년 매일유업에서 '셀렉스'라는 브랜드를 출시하면서, 단백질 시작의 포문을 열었고, 2020년 일동후디스 '하이뮨'라는 브랜드를. 2021년 빙그레 '더단백'라는 브랜드를 출시하며, 열띤 경쟁을 하고 있다.

2. 대표 제품 및 트렌드

1) 대표 제품

업체명	제품명	사진	설명
매일헬스 뉴트리션	셀렉스 프로핏		2018년 단백질 파우더로 시작해 음료, 바, 영양제 등 다양한 카테고리로 확장 중이며, 중장년층을 타깃팅한 음료와 분말, 그리고 운동선수와 일상 운동에 먹는 차별화된 단백질 원료 WPI를 사용한 '프로핏 웨이프로틴' 브랜드를 운영 중임. 모델 기용을 하지 않고 과학적 근거와 체계적인 라인업 구성.
일동후디스	하이뮨 프로틴밸런스		2020년 일동후디스의 강점이었던 프리미엄 산양유 단백과 빠르고 지속적인 단백질 보충을 돕는 뉴질랜드산 MPC(농축우유단백)으로 구성. 저지방·저당 설계로 운동 전후 누구나 맛있고, 간편하게 단백질 보충을 하며, 일상 속 활력이 필요한 사람을 함께 타깃팅하며 시장을 확대하고 있음.
빙그레	더단백		2021년 빙그레가 우유 가공의 노하우를 바탕으로 '우유 단백'을 주원료로 사용하여 출시함. 다양한 플레이버 확장 및 바, 쉐이크 등 카테고리 확장을 진행함. 단백질 함량을 늘리고, 당류를 줄여 건강을 중시하는 소비자들의 호응을 충족시킴.

2018년 890억 원에서 2020년 2,400억, 지난해 3,400억 원으로, 올해는 4,000억대를 내다보는 단백질 보충제 시장은 기존 젊은 남성들 사이의 운동용 음료에서, 여성과 노인 모두에

게 필요한 영양 보충용 음료로 자리 잡으며 다양한 제조사와 브랜드들이 치열한 경쟁을 펼치고 있다.

(1) 셀렉스

매일유업이 2018년 10월 출시한 셀렉스 단백질 파우더 제품을 시작으로 분말, 음료, 바, 영양제 등 다양한 카테고리로 브랜드를 확장할 뿐 아니라, 2021년 4월 자사몰 '셀렉스몰'을 열어 라이브 커머스 등 비대면 채널을 통한 다양한 판매를 진행하고 있다. 또한 기존 젊은 남성들의 운동용 음료에서 모두에게 필요한 영양 보충용 음료로 확대됨에 따라 중장년층이 선호하는 홈쇼핑까지 적극적으로 판로 확장에 나서고 있다. 이러한 시장 성장에 매일유업은 2021년 10월 셀렉스 사업부를 독립시켜 매일헬스뉴트리션 법인을 설립했고 셀렉스를 시작으로 건강기능식품 사업을 확대할 것으로 예상된다.

이러한 다양한 시장 변화와 판매 채널, 소비층 확대에 따라 지속적으로 라인업을 확대하고 있는데, 위의 다양한 카테고리 뿐 아니라 연령층, 성별에 따라 제품군을 나눠 확장 중에 있다.

2021년 썬화이버 프리바이오틱스, 면역 프로바이오틱스, 프로틴바, 프로핏 웨이프로틴 드링크 4종의 신제품을 추가한 셀렉스는 이어 '셀렉스 코어프로틴 락토프리', '셀렉스 스포츠'를 '셀렉스 프로핏'으로 리뉴얼하며 스포츠 그 이상의 시장을 타깃으로 운동선수뿐만 아니라, 일상 속 프로틴 섭취를 유도하고 있으며 기존 초콜릿, 복숭아 맛에 타사와는 차별화된 깔끔한 아메리카노 맛 제품도 출시했다. 최근에는 WPI를 넣은 프로틴 스파클링 '프로핏 스파클링' 청포도와 체리라임 맛을 출시하여 다양한 라인업과 소비자 니즈의 제품을 만들어 내고 있다. 그 밖에 이너뷰티 콜라겐과 다이어트 소비자들을 겨냥한 체중 조절식 '슬림25'까지 판매 중이다.

(2) 하이뮨

일동후디스는 오랜 산양유 연구와 50여 년의 유아식 영양 설계 노하우를 바탕으로 지난 2020년 단백질 보충제 '하이뮨 프로틴 밸런스'를 출시하며 단백질 시장에 뛰어들었다. 론칭 첫해 매출 300억 원 달성에 이어 2021년 1,000억 원, 지난해 1,650억 원을 넘어서며 3년간 누적 매출 3,000억 원을 돌파, 국내 단백질 시장 1위를 굳건히 하고 있다.

뿐만 아니라, 하이뮨은 우수한 제품력을 기반으로 연령과 성별, 라이프 스타일에 따른 폭넓은 제품 라인업을 선보이고 있다. 성장기 어린이를 위한 '주니어 밀크', 체지방 조절을 원하는 여성을 위한 '&(앤)바디', 헬스 매니아 남성을 위한 '프로 액티브'를 출시했으며, 언제 어디서든 간편히 마실 수 있는 '하이뮨 음료', 한 팩으로 고단백을 섭취할 수 있는 '하이뮨 액티브' 등의 음료 형태로도 꾸준히 선보이며 젊은 층까지 타깃을 확대하고 있다.

국내 최초로 산양유 단백을 함유한 '하이뮨'의 제품력은 물론 모델 마케팅과 판매 채널 확대도 단백질 시장 성장에 큰 힘이 되었다. 출시 초기부터 가수 장민호를 활용한 '하이뮨송'으로 인지도를 끌어올렸으며, 홈쇼핑을 시작으로 '하이뮨몰', 라이브커머스, 편의점까지 유통채널을 확대했다.

(3) 더단백

가공유 시장의 강자 빙그레가 2021년 5월 '더단백'이라는 단백질 전문 브랜드로 시장에 뛰어들었다. 단백질 강화 음료들이 우유에서 추출한 '우유 단백'을 주원료로 사용하는 만큼 우유 가공 노하우가 있는 빙그레에서 출시된 '더단백 드링크 초코'는 출시 9개월 만에 600만 개가 팔리며, 커피맛과 카라멜맛 등 플레이버 확장 및 단백질 바. 쉐이크 등 다양한 제품군으로 브랜드를 확장하고 있다.

최근 더단백은 단백질 함량은 늘리고 당은 줄이는 리뉴얼을 진행했는데, 모두가 단백질 함량을 소구하는 단백질 음료 시장에서 경쟁 제품들과 같은 20g대에 진입했고, 일반적으로 단백질 특유의 맛을 줄이기 위해 당류를 첨가한 다른 경쟁 제품들 대비 당류를 줄였다.

2) 트렌드

단백질 함량을 강조한 단백질 음료는 다른 음료 제품군에 비하여 비교적 최근 형성된 카테고리이다. 체중, 몸매 관리 트렌드가 확대되며 기존 식물성 단백질 음료인 두유, 아몬드유에서 더욱 시장이 세분화된 카테고리이다. 단백질 섭취는 주로 해외 직구를 통해 구매되었거나 유업체들이 출시한 단백질 파우더를 물에 타 먹는 형태로 이루어졌으며, 주로 근력 관리 헤비 유저(heavy user) 층 남성 소비자나 노년층을 타깃으로 시장이 형성되었다.

(1) 보다 더 중요해진 단백질

단백질 음료 시장이 활발해지기 시작한 것은 소비자들의 식단 관리에 대한 인식 변화에서 비롯된다고 볼 수 있다. 과거 다이어트는 탄수화물 섭취 제한을 비롯하여 '적게 먹는 식단 관리'를 통해 체중을 감소하여 '날씬한 몸매'를 만드는 것에 초점이 맞추어져 있었다면, 현재는 탄수화물, 단백질, 지방을 균형 있게 섭취하면서 체지방을 감소시키고 근력을 향상시키는 '균형 잡힌 식단 관리'를 통한 몸매 관리에 초점이 맞추어져 있다. 또한 참으며 힘들게 다이어트를 하는 것이 아닌, 즐겁게 건강을 관리하는 '헬시플레저(Healthy Pleasure)' 트렌드가 형성되어 있어, 식단 관리는 '어떻게 덜 먹는가'보다는 '어떻게 잘 먹는가'도 고려하는 시대가 되었다.

이러한 '잘 먹는 식단 관리' 트렌드 속에서 단백질은 근력 향상을 위해 더해야 할 영양소로 인식되고 있고, 단기간에 끝내고 마는 다이어트가 아닌 꾸준히 몸매를 유지하기 위한 '유지어터'들을 위해서는 손쉽게, 다양한 시간 속에서 단백질을 섭취할 수 있는 '단백질 음료'가 필수적인 일상 건강을 위한 단백질 식품의 한 요소로 자리 잡게 되었다.

국내에 단백질 음료 시장을 연 제품은 바로 매일유업이 2018년에 출시한 '셀렉스'이다. 셀렉스는 성인 건강을 위한 영양소 제공을 목표로 출시된 브랜드로, 단백질, 필수 아미노산 '류신' 등 영양소를 바로 섭취할 수 있는 파우치 타입의 즉석 섭취 음료(RTD, Ready to Drink)로 출시되었다.

2020년 오리온은 '닥터유 드링크(2020)'를 출시하면서 단백질 음료 시장을 장년층, 노년층의 건강 관리가 아닌 근력 관리를 위한 2030 소비자들까지 확대시켰다. 주 판매 채널을 편의점으로 잡고, 기능성 음료와 같이 보이는 패키지 디자인과, 초콜릿과 바나나 맛으로 출시하면서 소비자층을 확대했다. 매일유업도 소비자 타깃을 운동을 즐겨 하는 건강 고관여자로 리포지셔닝하여 음용 및 휴대가 편리한 테트라팩에 담긴 초콜릿 맛의 '셀렉스 스포츠 웨이 프로틴 드링크(2020)'를 출시하였다. 일동후디스도 산양유 단백으로 차별화를 둔 단백질 건강기능식품 '하이뮨 프로틴 밸런스'를 런칭하였고, RTD 형태의 '하이뮨 마시는 프로틴 밸런스(2020)'를 연이어 출시하였다.

빙그레는 단백질을 강화한 '요플레 프로틴(2020)'을 출시하는 등, 2020년은 COVID-19로 인하여 건강 관리에 대한 인식이 높아진 해였다. 성인 건강용 단백질 제품에서 근력 관리용 편의형 단백질 음료로 포트폴리오를 넓혀 간 해로, 2019년에 비해 국내 단백질 시장이 2배 이상 성장된 해였다.

이후에도 꾸준하게 섭취하는 단백질 음료 특성상 소비자 이탈을 방지하기 위하여, 셀렉스의 웨이프로틴 드링크 복숭아(2021) 등 다양한 맛의 단백질 음료들이 출시되었다. 빙그레도 단백질 전문 브랜드 '더:단백(2021)'을 런칭하고, 커피, 카라멜 맛으로 제품을 확대하고 있다.

(2) 다양하게 즐기는 일상 단백질

단백질이 일상 섭취 영양소로 중요하게 인식되기 시작하면서, 유가공 업체가 주도하여 출시했던 단백질 음료 시장은 경쟁이 확대되며 더욱 다양화되고 있다. 운동 후 마시는 청량감을 줄 수 있는 탄산음료에 단백질을 더한 '칼로바이 프로틴 스파클링(2021)'이 출시되었고, 매일유업은 셀렉스 아메리카노 맛(2022)을 출시해 WPI 단백질을 사용하여 커피우유가 아닌 아메리카노 본연의 맛을 구현하였다. 코카콜라는 '파워에이드 프로틴(2022)'을 출시하며 이온 음료까지 단백질 음료가 확장되었다. 또한 비단 단백질뿐만 아니라, 칼로리를 낮추거나 지방을 낮출 수 있는 녹차 등의 추출물을 포함한 제품들이 출시되면서 단백질을 넘어서서, 일상 건강 관리를 위한 daily drink의 주축 제품으로 단백질 음료는 하나의 새로운 음료 카테고리로 자리 잡고 있다.

3) 광고

회사	매일헬스뉴트리션
제품명	셀렉스
광고연도	2023
Key Copy	모두가 속 편~한 락토프리 단백질
모델	N/A
광고 스냅샷	
URL	

회사	일동후디스	
제품명	하이뮨	
광고연도	2021	
Key Copy	하이 하이 하이뮨이야	
모델	장민호	
광고 스냅샷	 	
URL		

회사	빙그레
제품명	더단백
광고연도	2023
Key Copy	대한민국을 채우는 단백질 음료
모델	박준형, 한기범, 핑크힙 응비
광고 스냅샷	
URL	

3. 제조 과정

1) 정의

(1) 단백질

고기 및 생선류	돼지고기, 닭고기, 소시지, 쇠고기, 생선, 조개, 굴, 동태
알류	달걀, 오리알, 메추리알
콩류	콩, 두부, 된장, 두류, 비지, 막장, 청국장

건강기능식품으로 판매되는 단백질들은 일상 식사에서 부족할 수 있는 단백질 보충 목적으로 만들어지며 크게 근육 합성을 위한 보충제와 노인에게서 근육 감소가 일어나는 근감소증(sarcopenia) 예방 목적, 환자 등을 위해 소화와 흡수에 용이한 제품으로 제조되고 있다. 단백질은 근육, 결합 조직 및 세포 골격 유지 단백질(피부, 뼈), 항체, 수용체, 호르몬, 에너지, 핵산 등 다양한 목적으로 사용되고 체내에서 완전히 합성되지 않아 매일 공급되어야 하는 필수 영양소이다.

2) 제조 공정

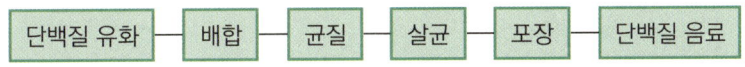

단백질 음료의 경우, 단백질 특유 부정적인 취와 맛, 식감을 마스킹(masking)하여 기호성을 향상할 수 있도록 초코, 커피, 곡물 등의 강한 플레이버를 주로 가미한다.

단백질 음료의 제조 공정은 타 음료의 가공 공정과 유사하게 제품 특성에 맞는 원료, 감미(설탕 등), 플레이버 원료(코코아, 커피, 곡물 등), 안정제 등을 용해하는데 이때 단백질 원료가 추가로 투입된다. 주성분인 단백질은 유단백질이 주로 사용되지만 대두 단백질을 투입하는 경우도 있다. pH가 중성인 단백질 음료는 유화 공정이 가장 중요한 공정이다. 주성분인 유단백질, 유지 등이 응집되거나 분리되지 않도록 유화제의 종류, 사용량 및 균질기의 조건 등을 실험으로 확립하여 정한다. 유화가 잘 되었더라도 다량의 단백질로 인해 침전 등이 발생할 수 있으므로, 성상 유지 및 식감 개선을 위해 안정제를 사용하는 경우가 많다. 원료를 모두 조합하고 표준화시킨 뒤, 균질, 멸균 등의 처리 공정을 거치며 종이팩, PET 등의 패키지에 담아 출고된다.

4. 현직자와 함께하는 Q&A

Q1. 단백질 음료의 선택, 어떠한 기준을 가지고 선택하면 좋을까요?

단백질 음료에 포함된 단백질의 종류를 단백질 농축물, 분리물, 가수 분해물로 나눌 수 있다. 단백질 농축물은 열과 산 또는 효소를 사용하여 추출되는 단백질이고 일반적으로 60~80%가 단백질이며 나머지 20~40%는 지방과 탄수화물로 구성된다. 단백질 분리물은 추가 여과 과정을 통해 지방과 탄수화물을 좀 더 제거하여 단백질을 더욱 농축한 것으로 90~95%의 단백질을 포함한다. 단백질 가수 분해물은 아미노산의 결합을 끊는 산 또는 효소로 추가 가열하여 생성되며 분자량이 작아 신체와 근육에 더 빨리 흡수된다.

유청 단백 가수 분해물의 경우 다른 형태보다 인슐린 수치를 높이고 운동 후 근육 성장을 향상시킨다. 유청은 9가지 필수 아미노산을 모두 포함하는 완전한 단백질이며 고농도의 필수 아미노산인 류신이 포함되어 있다. 또한 단백질 공급원의 소화율과 활용도를 측정하는 척도인 PDCAAS 점수가 높다.

유청 단백의 경우 우유에서 나오기 때문에 단백질 함량이 높지만 유당 불내증인 경우 소화시키기 어려운 유당을 함유하고 있다. 농축 유청 단백의 경우 약간의 유당이 포함되며 분리 유청 단백은 유당의 대부분이 가공 과정에서 손실되기 때문에 거의 포함되지 않는다. 유청 단백은 근육량을 만들고 유지하는 데 도움이 되고 운동선수가 심한 운동을 했을 경우 회복하는 데 도움이 되고 근력을 증가시킬 수 있다. 카제인 단백질 또한 유청 단백과 마찬가지로 우유에서 발견되며 위의 산성 환경에서 응고되어 훨씬 더 천천히 소화되고 흡수된다. 카제인은 위산과 상호 작용할 때 혈류의 아미노산 흡수를 지연시켜 근육 단백질 분해 속도를 감소시킨다. 소화가 느리기 때문에 보디빌더들이 취침 전에 주로 섭취했다.

식물성 단백질 분말의 경우 9가지 필수 아미노산 중 일부가 빠져 있는 경우가 대부분이며 소화율이 낮아 PDCAAS 점수가 낮다. 유일한 완전한 식물성 단백질 공급원은 대두 단백이며 완두콩 단백질은 특히 BCAA가 풍부하다. 따라서 식물성 단백질만 섭취를 원할 경우 여러 식물성 단백이 섞여 필수 아미노산이 모두 함유된 제품을 추천한다.

근육 증가를 위해 단백질 음료를 고른다면 근육량 증진과 회복 촉진에 대한 능력이 뛰어난 유청 단백이 포함된 제품을 고르는 것이 좋다. 그중에서도 분리 유청이 농축 유청보다 중량 기준 단백질 함량이 높다.

체중 감량을 목표로 할 경우 카제인 단백질과 유청 단백질을 함께 섭취할 시 포만감과 지방 감소 촉진에 도움을 줄 수 있다.

Q2. 탄산음료 단백질 제품을 섭취해도, 단백질 섭취에 문제가 없을까요?

단백질 탄산음료 제품인 '셀렉스 프로핏 스파클링'으로 설명하고자 한다.

식품명 (100ml)	에너지 (kcal)	나트륨 (mg)	탄수화물 (g)	당류 (g)	지방 (g)	콜레스테롤 (mg)	단백질 (g)
프로핏 스파클링 청포도	13	4.5	0.4	0	0	0	3
우유	65	50	5	5	3.6	15	3
저지방 우유	40	50	5	5	1	5	3
코카콜라	42	3.2	10.5	10.5	0	0	0

콜라와 우유에 비해서 단백질 탄산음료는 에너지(kcal)가 3분의 1 수준 이상으로 낮고, 나트륨 함량 또한 매우 낮은 편이다.

또한, 당류 0g, 지방 0g, 콜레스테롤 0mg으로 섭취하면서 단백질은 우유와 동일함량으로 섭취가 가능하다.

셀렉스 프로핏 스파클링에 들어 있는 단백질은 '분리 유청 단백질'을 제조 과정에서 넣어 제품을 생산한다.

🔍 유청 단백질의 종류

WPC (Whey protein concentrate)	70~80% 정도가 단백질. 가장 흔한 유청 단백질이며 우유의 유당, 지방, 미네랄 등이 다른 단백질보다 더 많이 들어 있음.
WPI (Whey protein isolate)	90% 이상이 단백질, WPC보다 좀 더 가공한 형태 우유 단백질, 대두 단백질보다 흡수가 빨라서 운동 후 섭취할 경우 자극된 근육에 아미노산을 빠르게 공급받을 수 있음.
WPH (Whey protein hydrolysate)	조금 더 가공된 형태, 즉 소화가 더 빠르고 몸에 더 빨리 흡수됨.

왜? 프로핏 단백질 스파클링은 'WPI'를 사용했을까? 그 이유는 WPI가 WPC보다 아무래도 유당 등이 적으므로 '유당 불내증'이 있는 분들, 쉽게 말해 우유를 소화 못 시키는 분들을 위해 WPI를 사용했다. 즉, 단백질 탄산음료를 통해서도 단백질을 섭취할 수 있다.

WP = whey protein (유청 단백질)
C = concentrate (농축)
I = Isolate (분리)
H = hydrolysis (가수 분해)

Q3. 단백질 음료에는 플레인 제품을 찾아보기 힘든 이유는 무엇일까요?

단백질 음료의 단백질의 주요 원료로는 유청 단백질(WPC, WPI, WPH), 대두 단백질(ISP, WSP)이 사용되고 있다. 시중에 판매되고 있는 제품들은 유청 또는 대두에서 유래하는 단백질로 만들어진다.

곡물	초콜릿	아메리카노	초코
(셀렉스 프로틴 오리지널)	(셀렉스 프로핏 웨이프로틴)	(셀렉스 프로핏 웨이프로틴)	(하이뮨 프로틴밸런스 엑티브)

시중에 판매되는 단백질 음료는 플레인 맛은 존재하지 않고, 곡물, 딸기, 바나나, 초콜릿 등 다양한 맛들의 제품들이 존재하고 있다. 플레인이라고 착각할 수 있는 오리지널 제품도 곡물(오곡)농축액, 땅콩향, 밀크향 등을 첨가하여 제조되고 있다.

각종 풍미를 첨가하여 단백질 제품을 만드는 이유는 단백질만 사용하게 되면 고유의 역한 맛, 쓴 맛, 비린 맛 등으로 인하여, 섭취에 거부감을 느낄 수밖에 없다. 이러한 맛을 마스킹하기 위하여, 곡물, 딸기 등을 첨가한 제품으로 만들어야 한다.

이 중 셀렉스의 프로핏 웨이프로틴은 WPI 원료를 사용하였으며, 뒷맛이 깔끔하고 무겁지 않은 것이 특징적이다. 프로핏 제품 중에서 특히 아메리카노는 단백질 원료 특유의 맛이 많이 느껴지지 않으며, 맑고 진한 아메리카노 맛을 느낄 수 있다.

5. 참고문헌

1) 매일헬스뉴트리션 - 제품 소개.
   https://www.maeilhealthnutrition.com/
2) 셀렉스 프로핏 브랜드 - 상세 페이지.
   https://www.selexmall.com/
3) 박수지, 커피에도 탄산음료에도 '단백질'…일상화된 단백질 음료, 한겨레, 2021.
   https://www.hani.co.kr/arti/economy/consumer/1007158.html
4) 이소아, 요즘 '오운완' 세대 "닭가슴살은 가라"…매출 344% 뛴 이 음료, 중앙일보, 2022.
   https://www.joongang.co.kr/article/25091257
5) 한국농수산식품유통공사, 식품산업통계정보시스템, 식품시장 뉴스레터 - 단백질 식품(체중관리용), 2022.
   https://www.atfis.or.kr/home/board/FB0002.do?act=read&bpoId=4246
6) 빙그레 - 제품 소개
   htttps://www.bing.co.kr/

Part 10
숙취 해소 음료를 마시면 덜 취할까?

Part 10.
숙취 해소 음료를 마시면 덜 취할까?

1. 역사

숙취 해소 음료는 RTD 음료 시장 내에서 2,580억 원의 매출(2021년 하반기~2022년 상반기 기준/닐슨 POS데이터 기준)을 차지하고 있다. 코로나로 인하여 회식 및 식사 자리가 감소되면서 매출액이 감소 추세였으나 사회적 거리두기가 점차 해제되면서 전년(2,302억) 대비 12.1% 신장을 했다.

인류의 역사는 술의 역사라고 해도 과언이 아닐 정도로 인류가 술을 마시기 시작한 역사는 오래 전부터 시작되었다. 술이 술을 마신다고 했던가. 과음과 함께 찾아오는 숙취는 항상 인류를 괴롭혀 왔으며 숙취 해소에 대한 갈망도 자연스럽게 역사를 함께했다. 조선 시대의 대표적인 의서인 《동의보감》에 홍시, 칡, 헛개 등이 숙취에 좋다고 기록되어 있는 것으로 보아 우리 조상님들도 숙취 해소가 큰 숙제였지 않나 싶다.

1992년 11월, HK이노엔(당시 CJ제일제당 제약사업부)의 컨디션이 등장하기 전까지 국내에는 숙취 해소 음료의 이름으로 팔리는 음료는 존재하지 않았다. 옆 나라인 일본에서는 80년대 후반부터 이미 다양한 숙취 해소 음료들이 출시되기 시작하여 약 2천억 원의 시장 규모를 가지고 있었지만 국내에서는 꿀물이나 칡즙 등의 전통적인 소재의 음료들이 숙취 해소 음료의 역할을 대신하고 있었다.

이때, 음주의 수요가 많은 연말을 겨냥하여 출시한 컨디션은 1병당 2,400원이라는 고가에도 불구하고 2개월간의 영업월 동안 17억의 매출을 올렸고 이듬해인 1993년에는 시장 규모를 약 300억 원까지 확대하는 데 크게 기여하였다.

1994년에는 컨디션의 성공을 본 많은 업체들이 숙취 해소 음료 시장에 뛰어들었다. 미원(現 대상)의 아스파, 조선무약(現 광동제약에서 상표권 인수)의 솔표 비즈니스, 백화의 알지오, 럭키(現 LG 생활건강)의 비전, 보해양조의 굿모닝, 종근당의 씨티맨, 일양약품의 바란스 등이 대표적인 제품들이다.

2. 대표 제품 및 트렌드

1) 대표 제품

업체명	제품명	사진	설명
HK이노엔	컨디션		우리나라 숙취 해소 음료 시장을 형성한 제품으로 1992년 출시되어 31년간 숙취 해소제 대표 브랜드로 자리 잡아 최근 환, 젤리 등 제형 확장 중.
삼양사	상쾌환부스터		'환' 형태로 간편한 섭취와 빠른 숙취 해소, 가성비를 모토로 다양한 마케팅 활동을 통해 MZ 세대에게 어필을 성공한 상쾌환이 최근 출시한 드링크.
그래미	여명808		꾸준히 사랑받고 있는 제품으로, 우리나라뿐 아니라 동양 각국의 오리나무와 마가목의 잎, 줄기 또는 뿌리의 추출물을 주원료로 한 천연 식물성 숙취 해소 음료.
동아제약	모닝케어		숙취 해소 성분뿐 아니라 간 기능 및 보호에도 도움이 되는 성분을 포함한 모닝케어는, 최근 숙취 스타일에 따른 소비자 선택권을 넓힌 모닝케어 H, D, S를 출시.

(1) 컨디션

숙취 해소제 국내시장이 형성되어 있지 않던 1992년에 출시된 컨디션은 출시 2년 만에 7배나 늘어난 700억 원 규모의 '숙취 해소제' 시장을 형성했고, 현재 숙취 해소제 시장은 다양한 제품들이 나타나고 사라지는 치열한 레드오션이 되었지만, 컨디션은 31년간 숙취 해소제 대표 장수 브랜드로서 활동하고 있다.

컨디션이 출시되었던 1990년대에는 접대나 회식에서 폭주를 즐기는 문화가 당연시되고 술과 함께 하는 회식, 미팅들이 많았다. 당시 시장 조사 끝에 술을 마시는 사람들이 해장국이나 북엇국 같은 숙취 해소용 음식보다 꿀물처럼 간단히 마실 수 있는 음료를 선호하는 경향이 강해지고 있다는 점에서 착안하여 컨디션이 출시되었다. 30~45세 남성 직장인을 타깃으로 당시 몇백 원대의 자양 강장 드링크제와 비교했을 때, 가격이 몇천 원대로 고가였지만 '성분'과 '품질'을 내세운 마케팅으로 소비자들에게 인기를 끌었다.

컨디션은 헛개나무 열매, 귤나무 열매 껍질, 미배아 효모 추출물, 감초 뿌리, 생강 등을 사용하며 2013년에는 히알루론산 등을 첨가한 '컨디션 레이디'뿐 아니라 컨디션 CEO, 컨디션 환, 스틱 젤리 등 다양한 방식으로 친근한 숙취 해소 브랜드로 초기 타깃에서 확대된 여성, MZ 세대 시장을 공략 중에 있다.

(2) 상쾌환

2013년 삼양사(큐원)에서 출시한 상쾌환은, '가격 부담이 적으면서 숙취 해소가 확실한 제품'을 목표로 효모 추출물, 헛개나무 열매, 창출, 산사나무 열매, 칡꽃, 비타민C 등을 제품에 넣었다. 당시에는 차별화된 제형인 '환' 형태로 출시된 숙취 해소 제품으로, 컨디션을 필두로 주로 드링크 형태의 다소 비싼 가격대로 형성되어 있던 숙취 해소제 시장에서, 휴대가 간편하고 가격 부담을 낮춰 경쟁력을 확보하고자 했다.

2013년 출시 이후에는 당시 드링크 형태의 숙취 해소제에 익숙해져 있던 소비자들이 물과 함께 섭취해야 하는 '환' 형태의 상쾌환에 큰 반응을 보이지 않았으나, 삼양사는 과감한 예산 투자를 통해 MZ세대를 겨냥해 적극적 마케팅 활동을 펼쳐 나가기 시작했다.

2015년 당시 MZ세대에게 친숙하고 긍정적인 이미지를 가지고 있던 걸스데이 혜리를 모델로 기용할 뿐 아니라 MZ세대에게 인지도 있는 모델들을 함께 출연시켜 소비자들의 이목을 끌었고, 술을 자주 소비하는 대학생들에게 쉽게 다가가기 위해 대학 축제나 뮤직 페스티벌에서의 이벤트 운영, 번화가에서의 게릴라 프로모션 등을 진행하며 소비자들에게 직접 체험하도록 해 제품을 널리 알렸다.

또한 MZ세대가 직접 구매하기에는 다소 부담스러운 기존의 4천 원 중반~1만 원대 숙취 해소제 음료 시장에서 2,900원이라는 가격은 매력적이었고, MZ세대 소비자들이 손쉽게 구매 가능한 편의점, 마트, 온라인, 드러그스토어 등에서 제품을 판매하며 소비자에게 더욱 친밀하게 다가가, 20대 소비자 숙취 해소제 최초 인기도 1위를 차지하기도 했다.

최근에는 더욱 간편하게 섭취 가능한 젤리형 상쾌환 스틱, 드링크형 상쾌환 부스터샷 등을 출시하고 있으며, 팝업 스토어 등을 운영하며 MZ세대 소비자들에게 꾸준히 친근하게 다가가도록 노력 중에 있다.

(3) 여명808

1998년 그래미에서 출시한 여명808은 출시 이후 25년 동안 숙취 해소 음료로 사랑받고 있다.

'음식으로 고치지 못하는 질병은 의사도 고치지 못한다'는 그래미의 신념을 담아 천연 식물성 원료를 집중적으로 연구해 출시한 여명808은, 우리나라뿐 아니라 동양 각국에 산재하고 있는 오리나무와 마가목의 잎, 줄기 또는 뿌리의 추출물을 주원료로 지속적인 연구, 개발을 통해 쌓은 기술력으로 매년 새로운 방식으로 업그레이드하고 있으며, 임상 실험 등을 진행해 숙취 해소 능력의 유효성을 보여 주고 있다. 그래미의 남종현 회장이 직접 제품 생산 시 일일이 제품 품질을 검사하는 것으로도 유명하다.

마케팅의 힘은 제품력이라는 확신으로 광고보다는 시음 행사를 통해 소비자가 직접 여명808을 체험하고 우수성을 느끼게 하는 방식의 마케팅에 집중해 최근에는 대학생 오리엔테이션 등 대대적인 시음 프로모션 등을 진행하며, 남성 타깃에서 MZ세대에게 더욱 친숙하게 다가가고자 노력하고 있다.

여명808뿐 아니라, 여명808의 효능과 원료를 배가해 숙취 증상을 더 완전하고 신속하게 완화시켜 주는 여명1004 또한 출시하는 등 여명808을 필두로 꾸준히 숙취 해소 음료 제품 개발 및 개선에 힘쓰고 있다.

(4) 모닝케어

2005년 동아제약이 출시한 모닝케어는 알코올 분해 성분인 글루메이트와 간장 보호 성분 밀크씨슬, 과라나 추출 분말 등 8가지 성분이 함유된 숙취 해소제로, 당시 기존 제품들과 달리 밀크씨슬, 울금을 함유해 숙취 해소뿐 아니라 간 기능 보호 및 개선에 도움을 주는 등의 차별화 포인트를 가져갔다.

이후 굿바이알코올 모닝케어 리뉴얼, 모닝케어 X, 모닝케어 플러스, 모닝케어 레이디, 강황 등 13년간 다양한 성분 강화 및 타깃 확대 등을 진행하며 컨디션과 함께 우리나라 숙취 해소 음료 시장에서 한 축을 지켜 나갔지만, 컨디션의 아성을 넘는 데에는 한계가 있었다.

대부분의 숙취 해소 음료들이 환, 젤리 등의 음용 방식을 확장시켜 나가는 것과는 다르게, 동아제약은 2020년 상황별, 소비자별 숙취 스타일에 집중해 숙취 해소를 할 수 있도록 모닝케어 H, D, S로 리뉴얼을 진행한다. 두통이 심한 숙취에 도움을 주는 모닝케어 H는 쌀눈 대두 발효 추출물을 기본으로 녹차의 녹차 카테킨, 버드나무 껍질 추출 분말을 강화했고, 속이 더부룩한 숙취를 위한 모닝케어 D는 허벌 에센스, 양배추 복합 추출물을 강화했으며, 숙취로 인한 갈증, 수분 감소를 위한 모닝케어 S는 히알루론산, 피쉬 콜라겐 등을 강화했다.

대부분의 숙취 음료들이 제형을 확대하는 시장에서 소비자 니즈를 더욱 밀접하게 숙취 상황을 세부적으로 다가간 모닝케어의 리뉴얼은 숙취 해소 음료의 새로운 방향성을 제시했고, 다양한 경쟁 제품들과 여전히 치열한 경쟁을 펼쳐 나가고 있다.

2) 트렌드

(1) 비즈니스맨을 위한 해장 솔루션

음주 후 숙취는 꿀물이나 따뜻한 국물로 해장한다고 생각해 왔던 한국인들에게 '숙취 해소제'로 숙취를 풀어 보자는 인식을 심어 준 제품은 당시 제일제당(現 HK이노엔 제조/판매)의 '컨디션'이다. 현재까지도 시장 점유율 1위인 브랜드로, 92년 출시된 당시 음주 문화는 3040 남성 직장인들을 중심으로 이루어져 있었고, '접대가 많은 비즈니스맨을 위한 음료'라는 슬로건을 바탕으로, 일반적인 자양 강장제 대신 숙취 해소라는 기능적 요소를 앞세워 프리미엄 음료의 시장을 열었다. 초창기 '컨디션'은 콩 추출물과 알코올 분해를 돕는 '피탄산'이 함유되어 있는 쌀

배아를 발효한 '미배아 발효 추출물'이 함유되어 있어 숙취 해소에 도움을 줄 수 있다고 소개되었다.

시장에 새롭게 포지셔닝된 숙취 해소제가 90년대 초반 출시되면서, 알코올 분해에 도움을 줄 수 있는 다양한 원료를 바탕으로 다양한 제품들이 출시되기 시작하였다. 해장 음식의 대명사 '콩나물 국밥'과 자연스레 연결될 수 있는 콩나물 뿌리에 많은 '아스파라긴산'을 주성분으로 함유한 94년 출시된 미원(現대상)의 '아스파', 럭키(現 LG생활건강)에서 출시한 '비전'이 출시되었고, 심지어 주류 회사에서도 숙취 해소 음료를 출시하며 시장 크기가 확대되었다.

숙취 해소라는 동일한 효과 속에서 차별화를 위해 다양한 원료를 앞세운 제품이 출시되었으나, 소비자 인지 강화를 위해 다양한 마케팅 활동이 필요했고, 시음 TPO나 맛의 차별성이 아닌 소비자가 제대로 인지하기 힘든 '원재료 차별성'을 바탕으로 시장 경쟁이 심화되면서, 이후 출시된 제품들은 시장에서 제대로 자리 잡지 못하였다. 더불어 1997년 IMF를 맞으면서 회식 자리가 줄어들며 숙취 해소제 시장도 침체기를 맞게 되었다. 이러한 상황 속에서도 1998년 출시된 그래미의 '여명808'은 오리나무, 대추 등 식물성 원료를 사용해 '숙취 해소에 좋은 차'로 꾸준히 사랑받고 있다.

2000년대 경제 상황이 나아지고, 음주 문화도 다시 살아나면서 2005년 동아제약은 숙취 해소뿐 아니라, 간 기능 개선과 입 냄새 제거에 도움을 주는 '모닝케어'를 출시했고, 2009년 숙취 해소에 효과가 있는 헛개나무 열매 성분을 추가하여 '컨디션'이 리뉴얼되었다. 헛개나무를 활용한 차, 발효유 등이 다양하게 출시되었고, 한국야쿠르트의 숙취 해소 음료였던 '닥터제로'도 헛개나무 열매 성분을 강화하기도 하였다.

(2) 더 맛있게, 간단하게! 모두를 위한 숙취 해소

과거 3040 직장인 남성이 주된 음주 문화의 축이었다면, 현재에는 여성의 음주 참여도 확대되었고, 참고 먹는 술이 아닌 맛있게 즐겁게 즐기는 음주 문화가 사회에 자리 잡았다. 새로운 소비자를 대상으로 한 숙취 해소제가 출시되면서, 한동안 원재료로 시장 차별화를 꾀하면서 주춤했던 숙취 해소제 시장에 활력을 불어넣었다. 2013년 여성을 타깃으로 한 HK이노엔의 '컨디션 레이디'가 출시되었고, 가격은 저렴하되 편하고 맛있게 거부감 없이 취식이 가능한 삼양사의 '큐원 상쾌환' 등 환 형태의 숙취 해소제가 인기를 얻으면서, 기존 숙취 해소 음료를 만들던 제조사들도 인지도를 바탕으로 브랜드의 포트폴리오를 확장하면서 환, 젤리 형태의 제품 개발에 집중하기 시작했다.

자신의 취향과 선택을 공유하기 좋아하는 MZ세대 트렌드를 바탕으로, 초콜릿 우유로 숙취 해소를 하는 소비자들을 위해 2019년 서울우유의 '헛개로초코', 2020년 GS25에서 판매된 아메리카노에 숙취 해소제를 조합해 먹는 해장 커피 등이 출시되며 다양한 재료를 활용한 숙취 해소용 음료들이 출시되었다. 코카콜라의 '갈아만든 배'는 제품 패키지에 써 있는 배가 영문자 'ldh'와 유사하게 생겼다는 인터넷 유머로 소비되면서, 숙취 해소에 좋다는 내용이 온라인상에서 동시에 인기를 끌었고, 이를 바탕으로 2022년 '갈아만든 배'의 숙취 해소 음료 버전인 'I.d.H(아이.디.에이치)'를 출시하였다. 2020년에는 동아제약의 모닝케어가 3가지 숙취 스타일별 콘셉트로 리뉴얼 출시하여 소비자의 선택권이 다양화되고 있으며, 환, 젤리 등 다양한 제형의 숙취 해소제로 새로운 시장이 확대되고 있다.

3) 광고

숙취 해소제의 소비자 커뮤니케이션에 많은 변화가 있었는데, 제품이 출시된 1990년대만 해도 '숙취 해소' 기능성에만 집중하였다면 2010년대 이후 '환' 형태가 등장하면서 취식에 초점을 맞춘 타입(젤리) 맛(그린애플/망고)의 형태로 메시지가 다양해졌다.

회사	HK이노엔
제품명	컨디션
광고연도	2023
Key Copy	젤로 확 깨는 판타스틱한 상태
모델	박재범
광고 스냅샷	
URL	

회사	그래미
제품명	여명808
광고연도	2021
Key Copy	음주 전후 숙취 해소
모델	N/A
광고 스냅샷	
URL	

Part 10. 숙취 해소 음료를 마시면 덜 취할까?

회사	동아제약
제품명	모닝케어
광고연도	2020
Key Copy	숙취해소 개념장착
모델	조진웅
광고 스냅샷	
URL	

3. 제조 공정

1) 정의

(1) 숙취

숙취란 알코올음료를 복용한 후 육체적 또는 정신적으로 나타나는 불쾌한 경험 및 심신의 작업 능력 감퇴를 초래하는 현상을 의미한다. 숙취는 통상 수 시간에서 며칠에 걸쳐서 나타날 수 있다.

(2) 숙취 해소제

알코올 섭취 시 덜 민감하거나, 숙취의 후유증을 분산시켜서, 숙취를 덜 발생시키는 제품이다. 숙취 해소제는 별도의 법령으로 정해져 있는 것은 없지만, 숙취 해소에 대한 과학적인 근거의 자료를 가지고 있어야 한다.

* 해당 내용에 대해서는 Q&A 4번을 참고하면 된다.

2) 제조 과정

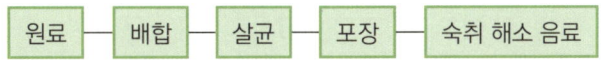

숙취 해소 원료로 헛개나무 같은 식물 소재나 한방 원료들을 사용하다 보니 고유취가 발생한다. 이를 상쇄하기 위해 다양한 향미 원료들을 사용하여 기호성을 높인다. 숙취 보조 성분으로 타우린이나 비타민C 등 다양한 원료를 사용하기도 한다. 음주 후에는 알코올 분해를 위해 당류가 사용되므로 혈중 포도당이 감소되는데, 이 부족한 포도당을 보충하기 위해 제품 중 당류 함량을 높게 설계하기도 한다. 제조 공정은 통상적인 음료 제조와 동일하다.

4. Q&A

Q1. 숙취 원인과 숙취 해소제의 원리는 무엇인가요?

숙취는 알코올(Ethyl alcohol)이 들어 있는 술을 마신 후 두통, 근육통, 구토, 현기증, 집중력 저하, 피로감, 위장관 불쾌 증상 등의 증상이 나타나는 현상을 말한다. 알코올에 의한 숙취의 기전은 알코올이 체내에서 분해될 때 생기는 다량의 Acetaldehyde가 주요 원인으로 알려져 있다. Acetaldehyde는 반응성이 높고 독성이 강하여 간세포와 뇌세포에 손상을 입히고 구토 및 두통을 유발시킨다. 이러한 생리적 현상이 숙취의 원인이 된다.

숙취 해소제 성분들은 알코올을 분해하는 체내 효소들을 증가시킴으로써 간에서 ethanol과 acetaldehyde가 분해되는 시간을 줄이고, 간이나 위 조직을 보호할 수 있다. 대표적으로 헛개나무 추출물, 밀크씨슬 등이 간 기능 증진을 통해 알코올 대사에 도움을 줄 수는 있지만, 숙취를 신속하게 해결해 주는 임상적 근거는 부족하다.

이외에도 숙취 해소용 음료에 첨가되는 여러 가지 성분들은 1) 알코올 흡수 억제, 2) 알코올 대사 촉진, 3) 알코올에 의한 간세포 보호, 4) 알코올에 의한 위장 점막 손상 방지, 5) 장내 유해 성분 생성 억제 등의 역할을 기대하며 첨가하고 있다.

Q2. 건강기능식품인 밀크씨슬과 헛개나무 과병 추출물과, 숙취 해소 제품과의 차이는 무엇인가요?

식품으로 판매되고 있는 숙취 해소 제품은 『식품 등의 표시 또는 광고 실증에 관한 규정』 제4조에 따라 인체 적용 시험 또는 인체 적용 시험 결과에 대한 정성적 문헌 고찰(systematic review)을 통해 과학적 자료로 입증하여 숙취 해소에 대한 표시가 가능하다. 숙취 해소 음료 또는 숙취 해소제는 주로 음주 전후 갈증 및 숙취를 해소하기 위해 일회성으로 섭취한다.

하지만, 알콜성 손상으로부터 간을 보호하는 데 도움을 받고 싶거나, 운동 능력 향상 및 피로 개선에 도움을 받고 싶을 때에는 식품의약품안전처로부터 인정받은 헛개나무 과병 추출 분말로 가공(제조)되어 건강기능식품 인증 마크가 표시된 제품을 섭취해야 한다.

헛개나무 과병 추출 분말로 진행한 인체 적용 시험은 일회성이 아닌 12주간 수행되어 효과를 입증하였으므로 간 보호, 운동 능력 향상, 피로 개선 등의 효과를 보고 싶다면 꾸준히 복용하는 것을 권장한다.

Q3. 숙취 해소에 좋은 원료들은 어떠한 것들이 있나요?

현재 알코올 숙취를 바로 해소시킬 수 있는 의약품은 없을 뿐만 아니라, 대부분의 치료법이 숙취를 완전하게 제거하지는 못한다. 다만, 수분 섭취를 통해 혈중 알코올 농도를 조금이나마 감소시키기 위해 주로 음료 형태의 숙취 해소제들이 개발되고 있다. 또한 혈중 당류의 부족도 숙취를 야기하기에 꿀물과 같은 전통 방식의 숙취 해소제도 도움이 된다.

숙취 해소에 도움을 줄 수 있는 원료에 기대하는 기능성은 1) 알코올 흡수 억제, 2) 알코올 대사 촉진으로 혈중 알코올 농도 감소, 3) 알코올에 의한 간세포 보호, 4) 알코올에 의한 위장점막 손상 예방 등이 있다.

이들 중 간 보호제가 주된 숙취 해소 원료로 사용되고 있으나, 대부분 장기적인 알코올에 의한 손상을 보호하는 역할이지, 빠른 숙취 해소를 가져오지는 못한다.

식품의약품안전처에서 인정한 알코올 관련 기능성 원료는 "헛개나무 과병 추출 분말", "밀크씨슬 추출물", "유산균 발효 다시마 추출물" 등이 있다. 이들들 원료는 알코올성 손상으로부터 간을 보호하는 데 도움을 줄 수 있다고 알려져 있다. 이외에도 항산화 작용을 하는 커큐민(강황, 울금) 등이 숙취 해소 원료로 많이 사용하고 있다.

Q4. 숙취 해소 제품들은 어떠한 검증을 거쳐 출시되는 건가요?

숙취 해소 제품은 비임상 동물 실험을 통해 숙취 해소 효능을 검증하고 있다. 실험 동물 간수치(AST, ALT, GGT, ALP) 변화 및 혈중 알코올 농도 함량을 분석하여 숙취 해소의 유효성을 평가한다.

추가로 2025년부터는 인체 적용 시험 또는 인체 적용 시험 결과에 대한 정성적 문헌 고찰(체계적 고찰, SR: Systematic Review)을 통해 과학적 자료로 입증하는 하는 경우에 한하여 '숙취 해소' 표현이 가능해진다. 앞으로는 동물 실험뿐만 아니라 임상 실험으로 검증된 숙취 해소 음료를 먹게 되는 것이다.

Q5. 숙취 해소 음료의 양과 효과는 비례하는 것일까요?

숙취 해소 음료는 작은 액상 스틱부터 500ml 이상의 음료까지 다양한 양의 제품이 있다. 숙취 해소에 도움이 되는 성분으로 알려진 것은 앞서 설명한 내용들을 참고하면 될 것 같다. 아스파라긴산이나, 헛개 추출물 등 도움이 되는 성분들은 저마다의 체질에 따라서 달라질 것이다. 그런데 같은 헛개를 먹어도 고농도의 헛개 스틱을 먹는 게 좋은지, 묽은 헛개수를 한 병 마시는 게 좋은지 궁금했다면 참고할 수 있는 정도의 이야기 하나가 있을 듯하다.

우리가 술을 마시면 몸에서는 수분을 배출해 낸다. 평균적으로 마신 양의 1.5배 정도는 소변이나 땀을 통해서 배출해 낸다고 한다. 마신 것보다 빠져나가는 수분의 양이 상당히 많은데 숙취가 발생하는 이유 중 하나가 이 수분의 부족 때문도 있다. 그래서 술을 마시고 난 다음 날 이온 음료를 마시라는 이야기는 빠져나간 수분과 전해질 등을 보충하라는 의미에서 나온 것이다. 수분이 많이 빠져나가면 그만큼 보충을 해 준다는 의미에서는 대용량의 헛개수 같은 것이 도움이 분명 될 것이다. 그런데 이 헛개수가 흡수가 되기도 전에 양이 너무 많아서 구토 등의 이유로 배출이 된다면 안 마시느니만 못한 상황이 되는 것이다. 그래서 자신의 위장 상태가 큰 용량을 받아들이기 좋은 상태라면 헛개수 같이 큰 용량 타입이 효과가 좋을 수 있다. 자신의 기호에 맞추어서 섭취하는 것이 어쨌든 가장 좋지만, 만약 스틱 형태의 액상을 마신다면 물을 꼭 같이 섭취하기를 권하고 싶다.

5. 참고 문헌

1) 김성철, 숙취해소제의 진실, 약학정보원, 2017.
2) 박노환, 헛개과병추출물과 인삼열매추출물의 혼합 음료 섭취가 숙취해소에 미치는 효과, 국제문화기술진흥원, 2019.
3) 황현익, 헛개나무 추출물의 간 기능 개선 작용 및 간암세포 증식억제 효능 검정, 한국생물공학회, 2003.
4) 이지현, 숙취해소 시장 만든 '컨디션', 31년간 대한민국 확 깨운 비결, 한경닷컴, 2022.
   https://www.hankyung.com/it/article/202210060775i
5) 장민수, 헛개초코→해장커피…2030 취저 '숙취해소제' 크로스오버 제품, 싱글리스트, 2019.
   http://www.slist.kr/news/articleView.html?idxno=123824
6) 박수현, 연말 숙취해소음료 大戰, 조선비즈, 2017.
   https://biz.chosun.com/site/data/html_dir/2017/12/24/2017122400440.html

부록1. 국내 음료 전문 제조 업체 현황

회사명	위치	설립일	주요 품목
롯데칠성음료	안성1	2000	탄산, 어셉틱
	안성2	1990	탄산, 차, 커피
	오포	1978	탄산, 주스, 커피
	광주	1984	탄산
	대전	1993	탄산, 차, 커피
	양산	1978	탄산, 주스
한국코카콜라	의왕	1974	음료베이스
	여주	1980	탄산, 차, 커피, 어셉틱
	광주	1984	탄산, 탄산수
	양산	1997	탄산, 탄산수
한국음료	남원	2002	탄산, 탄산수, 두유, 커피, 차
해태에이치티비	천안	1998	탄산, 차, 커피, 유산균 음료, 주스
동아오츠카	청주	1980	탄산, 차, 혼합 음료
	안양	1973	탄산, 혼합 음료
	함안	1996	탄산, 혼합 음료
광동제약	평택	1996	차, 혼합 음료
웅진식품	공주	1996	커피, 차, 혼합 음료, 곡류 가공품
삼양패키징	친전	2007	탄산, 탄산수, 커피, 차, 두유, 유산균 음료
동원시스템즈	횡성	2019	커피, 차, 혼합 음료
상일	거창	1992	탄산, 탄산수, 커피, 차, 유산균 음료
오케이에프	안동	2010	탄산, 탄산수, 커피, 차, 두유
튤립Int.	예천	2019	탄산, 혼합 음료
자연과사람들	담양	2001	두유, 커피, 차, 체중 조절용 조제 식품
푸드웰	대구	2002	커피, 차, 혼합 음료
코웰식품	문막	2001	커피, 차, 두유, 혼합 음료
건강마을	논산	2006	커피, 혼합 음료, 과채 음료, 인삼, 홍삼 음료
퓨어플러스	함양	2002	커피, 차, 혼합 음료, 인삼, 홍삼 음료, 과채주스
건강한사람들	홍성1	2003	탄산, 탄산수, 차, 혼합 음료
	홍성2	2019	과채주스, 이유식, 즉석 조리 식품
일화	청주	1980	탄산, 탄산수, 커피, 차, 혼합 음료
	춘천	1973	인삼, 홍삼음료, 차, 혼합 음료
우일음료	예천	1996	커피, 차, 혼합 음료
삼각에프엠씨웰빙랜드	논산	2007	커피, 차, 혼합 음료

썬레이크푸드	문경	1987	커피, 액상 차, 혼합 음료
동서식품	진천	1993	커피, 차, 혼합 음료
옥천농협농산물가공공장	옥천	1994	커피, 차, 혼합 음료
경북과학대학식품공장	칠곡	1997	혼합 음료, 과채 음료, 인삼, 홍삼 음료, 흑초
이비채	영천	2000	액상차, 혼합음료, 인삼, 홍삼음료, 과채주스, 과채음료, 음료베이스

부록2. 음료 유형별 정의(닐슨 제공)

RTD 커피	커피를 주원료로 만들어졌고, 즉석에서 마실 수 있도록 준비된 액상 Coffee 제품. 식품 유형이 커피인 경우, 커피우유라고 명시돼 있어도 커피로 구분.
탄산음료	청량음료로 Carbonate 또는 향료가 들어 있는 제품들과 향료가 섞인 소다 제품 Tonice Water(카린스믹스, 진저엘 등)가 포함됨. 순수 탄산수는 조사 제외.
과일주스	과일을 주원료로 만든 모든 주스와 넥타류가 포함됨.
생수	일반적으로 마실 수 있도록 정제된 물로서, 천연 광천수, 탄산수, 광천 음료수 등으로 표기된 제품으로 향료가 첨가되지 않은 순수한 물이 포함됨. 맛과 향, 탄산 성분 등이 제조 과정에 의하여 첨가된 제품의 경우는 조사 제외.
스포츠/ 비타민 드링크	스포츠 음료: Iso-tonic 스포츠 음료, 또는 알카리성 이온 음료, 스포츠 드링크 등으로 표시된 것으로 운동 전후, 레저 활동, 육체노동 등 땀으로 손실되기 쉬운 수분이나 비타민, 미네랄 등을 공급해 줌으로써 신체 유지에 필요한 에너지를 공급해 주는 음료를 포함함. 비타민 음료: 인체에 비타민 제공을 주목적으로 하면서 제품명에 '비타민'이란 표기가 있거나 패키지 정면 라벨에 "비타민 XXXmg"이라는 문구가 포함되어 있고 그 함량이 500mg이상인 음료를 포함함.(예: 비타민500mg)
에너지드링크	육체 활동 이외의 활동으로 지쳤을 때 원기 회복 기능을 하는 제품으로 제품명이 '에너지' 문구가 있는 제품을 포함함.
RTD 차	잎, 열매 식물의 일부분을 주원료로 하여 별도의 혼합 과정 등을 거치지 않고 즉석에서 마실 수 있는 형태로 만들어진 제품으로 식품 유형이 액상 추출차로 표기된 제품이 포함됨.
숙취 해소	음주 후 숙취를 해소 또는 제거하는 데 도움을 주는 음료에 해당하는 일반적인 드링크 제품들이 포함됨.
야채주스	토마토, 당근, 기타 야채로 만든 제품들로 야채주스 또는 야채 음료, 혼합 음료 등으로 표기된 제품들이 포함됨.
탄산수	천연적으로 탄산 가스를 함유하고 있는 물이거나 먹는 물에 탄산 가스를 가한 제품으로 제품 유형이 탄산수 또는 탄산음료, 먹는 샘물이면서 제품 정면이나 제품명에 스파클링 또는 탄산수로 표기된 제품이 포함됨. 원재료에 당/당 대체제 또는 과즙/농축액이 포함된 제품 조사 제외.
홍삼	제품 유형 홍삼 음료로 표기된 제품에 한하여 조사함.

부록3. 국내 음료 매출액 현황(오프라인 기준/닐슨 제공)

구분	판매액 (백만 원)			판매 수량 (천개)		
	Y20	Y21	Y22	Y20	Y21	Y22
RTD 커피	1,308,341	1,373,146	1,398,467	977,997	991,709	945,113
탄산음료	1,169,946	1,259,280	1,337,654	733,828	764,461	774,786
과일주스	496,034	490,491	494,685	277,832	272,993	260,708
생수	763,165	743,122	734,847	590,234	560,485	532,657
스포츠/비타민 드링크	323,484	359,046	393,787	205,656	222,748	221,549
에너지 드링크	267,978	324,258	381,735	185,125	210,718	233,195
RTD 차	263,857	282,997	310,984	203,559	211,315	227,241
숙취 해소	251,215	224,254	312,769	76,241	68,813	100,564
야채주스	127,073	131,890	126,224	63,753	65,733	59,990
탄산수	90,704	92,180	76,988	74,622	77,526	65,001
홍삼	39,999	34,283	36,543	7,143	5,483	5,570

저자 후기

1) 김송이 (매일헬스뉴트리션(주) 마케팅팀)

2080study@gmail.com

식품에 대한 애정을 가지고 식품 산업에 이바지하고자 지금까지 꾸준히 한 가지 해 온 것이 있다면, 저의 경험과 지식을 모아 책으로 내는 것이었습니다.

세 번째 식품에 대한 책을 출판하고자 했을 때, 바로 '음료'라는 주제를 생각하게 되었습니다. 《마시다》라는 책 제목까지 한 번에 구상을 마치며, 자신감 넘치게 시작하게 되었습니다. 하지만 생각을 정리하고 완성되기까지는 매우 오랜 시간이 걸렸습니다. 아마도 많은 분들의 도움이 없었더라면, 출판까지 완성시킬 수 없었을 것이라 생각합니다. 이 자리를 빌어 긴 시간을 함께 고민한 공동 저자분들, 많은 응원과 도움을 주신 임직원분들에게 모두 감사드립니다. 언제나 큰 힘이 되어 주는 가족, MIN, 우행시, SOO 모든 분들에게 감사의 마음을 전합니다.

많은 분들께 더 큰 도움을 드리기 위해 계속 고민하고 중간중간 수정을 거듭하면서 오랜 시간을 준비했습니다. 길었던 기간만큼 이 책이 이 세상에 작게나마 보탬이 될 수 있기를 진심으로 바랍니다.

2) 김승환 ((주)뉴트리 상품개발팀)

iamshk1234@naver.com

《마시다》 책의 출판을 앞두고, 가벼운 마음보다는 무거운 마음이 앞서는 것 같습니다. 1년 6개월간 음료에 대한 이야기를 함께한 13명의 저자들께 감사 인사를 전합니다.

대학 입학 면접 질문으로 "식품 전공해서 이루고 싶은 꿈이 무엇인가요?"라는 질문을 받았습니다. 저는 "의사는 의술로 병을 치료하지만, 식품 연구원은 식품을 통해 병을 예방할 수 있다."라고 답을 했습니다.

지금 제가 걸어온 길을 되돌아볼 때, 작게나마 꿈을 이루어 가고 있는 것 같습니다. 제가 소망했던 식품 연구원으로서의 책임감을 가지고, 더 큰 꿈을 펼칠 수 있도록 하겠습니다.

3) 김채영 (매일유업(주) 중앙연구소)

codud240@naver.com

　음료는 사람들에게 잠깐의 쉼과 힘을 줄 수 있다고 생각하며, 연구원으로서 이바지할 수 있음에 큰 보람을 느끼고 있습니다.

　아직 배울 점이 많지만, 업계 마케터, 연구원 등 좋은 분들과 함께 음료 책을 쓸 수 있는 기회가 되어 감사합니다. 책을 집필하는 것은 쉽지 않은 일이지만, 함께 힘을 모아서 좋은 결실을 맺을 수 있었습니다. 이 책으로 평소 음료에 대해 궁금증을 가지고 있었지만 어디에 물어보기 어려웠던 분들에게 시원한 답변을 주는 책이 되었으면 좋겠습니다.

　음료 연구원으로 성장하는 데에 많은 도움을 주시고 격려해 주셨던 팀장님, 선배님, 후배님께 진심으로 감사의 말씀드립니다.

4) 고봉수 ((주)바이오케어 연구소장)

femto3@naver.com

　항상 지지해 주시는 부모님과 가족 모두에게 감사드립니다. 그리고 정신적으로 어려운 시기에 도움이 됐던 봉산회, 호울림, 산타, 묵독 및 고기부 친우들에게도 감사드립니다.

5) 지승환 ((주)대웅펫 제품개발팀)

snakenap@naver.com

　《마시다》의 출간을 앞두고, 큰 감사의 마음을 품고 있습니다. 《마시다》는 13명의 저자들 및 많은 현직자분들의 도움과 지지로 집필할 수 있게 되었습니다. 저자분들과 도움을 주신 모든 분들께 깊은 감사의 인사를 전합니다.

　반려동물 건강기능식품 및 음료도 많은 관심 부탁드립니다.

6) 김길현 ((주)풀무원 푸드머스 음료&가공식재 CM 음료 PM)

kimkil@kakao.com

주류 BM으로 오랜 기간 근무하며 주류 마케팅 파트로 이번 집필에 참여하게 되었고 이번 책에서는 분량상 주류는 제외되었지만, 저 또한 집필 초기 더욱 다양한 소비자들이 마실 수 있는 제품을 기획하는 음료 PM으로 근무하게 되어 단순히 가지고 있던 경험과 지식을 바탕으로 '책을 쓴다'는 마음보다는 다양한 음료 카테고리에 대해 '공부'하는 마음으로 참여하다 보니 어느덧 출간을 앞두게 되었습니다.

지난 1년 6개월 동안 음료에 대한 다양한 지식들을 서로 나누고 함께 정리한 열세 분의 저자분들께 감사드리고, 제가 마케터로서 성장할 수 있도록 많은 도움과 힘을 주셨던 선배님들과 팀장님들, 사랑하는 가족, 친구들 모두 감사드립니다.

7) 김덕기 ((주)서울장수 품질관리팀)

kimduck92@naver.com

저는 어릴 적부터 먹을 것을 좋아하고 학창 시절 식품에 관한 도서를 읽으면서 자연스레 식품에 관심을 두게 되었습니다. '소 귀에 경 읽듯' 그저 어려웠던 내용이 대학교 전공 과목에서 배우고, 식품 회사에 다니면서 하나둘씩 이해가 가기 시작했습니다. 그리고 언젠간 한번 책을 집필하면서 이 어려웠던 내용을 쉽게 풀어 독자들에게 '식품'이라는 것이 단순히 먹는 것이 아닌 과학적인 요소가 있고 왜 이런 특성이 야기되는지 서술하고 싶었습니다.

그래서 이 프로젝트에 참여하며 책을 집필하였고 어려운 내용을 재미나고 이해하기 쉽게 노력을 많이 했습니다. 마지막으로 바쁘신 와중에 책 출판을 위해 노력을 많이 해 주신 여러 현직자님과 도움을 주신 분들에게 감사 인사를 올립니다.

8) 백솔애 (CJ제일제당(주) P-meats 마케팅팀)

sbaek1013@gmail.com

이번 집필을 통해 '먹을 것'에서 '마실 것'으로 식품에 대한 세상을 넓힐 수 있었습니다. 이 책이 누군가에게는 알아 가는 재미와 도움이 되길 바랍니다. 현상을 파악하고 흐름을 읽어 내는 힘을 길러 준 식품 마케팅에 함께 종사하고 계시는 동료분들과, 같이 참여해 주신 집필진님들께도 감사드립니다.

사랑으로 길러 주시고 항상 지지해 주시는 어머니, 아버지 그리고 응원해 주시는 어머님, 아버님 그리고 가족 모두에게 감사드립니다. 마지막으로 집필에 조언을 주면서 묵묵히 바쁜 시간을 함께해 준, 가장 친한 친구인 남편에게도 고마움을 전합니다.

9) 이원기 ((주)팔도 마케팅부문)

biz_strategy@naver.com

짧다면 짧고, 길다면 긴 13년의 시간 동안 '식품 마케팅'이라는 업에 종사하면서 "이런 책이 왜 진작에 없었을까?"라는 생각이 들었습니다.

이 책을 통해서 독자분들이 '음료'라는 카테고리에 조금 더 관심과 애정이 생기신다면 집필 과정의 노력이 결코 헛되지 않았다고 자부심을 느낄 것 같습니다.

마케터라는 직업을 선택할 수 있게 길러 주신 부모님과 언제나 옆에서 응원해 주는 아내, 그리고 딸에게 감사의 마음을 전합니다.

10) 김수로 (오비맥주(주) 마케팅팀)

sooro.kr@gmail.com

광고 산업으로 커리어를 시작해 뒤늦게 음료 산업에 합류했습니다. 부족한 견문에도 불구하고 《마시다》 집필에 겁 없이 뛰어들었는데요, 이제 와 되돌아보니 프로젝트에 참여한 시간동안 음료를 탐색하고 알아 가는 과정은 재미와 기쁨의 연속이었습니다. 이 책을 통해 여러분도 저와 같은 재미와 기쁨을 누리길 바랍니다. 끝으로 집필을 완주할 수 있도록 아낌없는 지지와 응원을 보내 준 장모님과 장인어른, 그리고 사랑하는 아내와 아들 초록이에게 감사의 인사를 전합니다.

11) 석지민 (한국인삼공사 미국법인 제품개발팀)

wlals0630@naver.com

건강기능식품 연구원으로 아직 경력이 길진 않지만 운 좋게 마시다 프로젝트에 참여하게 되었습니다. 식음료 분야의 열정적인 저자분들과 함께 집필에 참여했다는 사실 자체만으로도 감사하고 뜻깊은 시간이었습니다. 이 책이 많은 분들께 마시는 것에 대해 알아 가는 즐거움을 선사하길 바랍니다. 생각만 해도 힘이 되는 사랑하는 가족들에게 감사의 인사를 전합니다.

12) 신동주 (CJ제일제당(주) 식품연구소)

oforoleaf@naver.com

식음료 분야의 여러 전문가분들과 함께 프로젝트를 진행할 수 있어서 매우 즐거운 시간이었습니다. 특히 모두를 하나로 이끌어 주신 김승환님께 감사드립니다. 바쁘다는 핑계로 많은 시간을 가족들과 함께하지 못했습니다. 사랑하는 지현이, 그리고 시아, 미안하고 고맙습니다. 항상 저를 지지해 주시는 장인어른, 장모님, 그리고 부모님께도 감사 인사를 드립니다. Finally, I would like to thank Florian and Yi Xin! Thank you for helping me grow!

13) 최정민 ((前) 롯데중앙연구소)

rndjmchoi@naver.com

첫 직장에서의 첫 번째 직무가 음료 연구 개발이었습니다. 식품을 전공하면서 꿈꾸었던 음료 개발자가 된 것은 제겐 행운이었고, 그 첫 발자국이 지금의 저를 있게 한 것 같습니다. 아직도

해야 할 것과 하고 싶은 일들이 너무 많지만, 제가 가진 것을 누군가에게 전달한다는 것 또한 귀중한 일이라 생각합니다. 그런 면에서, 선하고 긍정적인 영향력을 가진 분들과 이 책을 같이 쓰게 되어 기쁩니다. 많은 사람들이 식품에 대한 이해가 넓어지길 기대하며, 그런 마음으로 함께 쓴 이 책이 누군가에게 꿈을 만들어 주는 계기가 된다면 행복하겠습니다.

감사의 글

 이 책이 집필될 수 있도록 도움을 주신 매일유업헬스뉴트리션 박석준님, 박윤종님, 박민규님, 박정식님, 매일유업 김용희님, 여성구님, 류사빈님, 배동진님, 이은주님. 김근배님, 김보라님, 최다람님, 소예영님, 배민수님, 박미나님, 공수연님, 윤민이님, 임서연님, 정희권님, 신연주님, 송유나님. 최미영님, 정식품 신민섭님, 삼육식품 김일권님, 밥스누 김나라님, 서울우유협동조합 박재범님, 동서식품 유혜정님, 동아오츠카 이준철님, 오틀리 이연희님, 동서 이민웅님, 뉴트리 황세희님, 풀무원식품 윤명랑님, 강수경님, 풀무원다논 장여진님, 일화 한현우님, 최재민님, 제주도개발공사 양승신님, 일동후디스 신윤정님, HK이노엔 김혜진님, 삼양사 서일님, 남양유업 마케팅 본부, 그래미, 한국코카콜라와 해태htb와 농심의 관계자 분들, 류종렬님 감사의 인사를 전합니다.

 닐슨에서 조사한 음료 카테고리 규모 및 품목의 정의에 대한 사용에 도움을 주신 닐슨 원혜진님, 멋진 디자인 작업을 진행해 주신 김희수 디자이너와 운영 전반을 맡아 주신 에코헬퍼스 한지훈 실장님 등 많은 분들께도 감사의 인사를 드립니다.

 추천사로 진심 어린 조언과 응원을 해 주신 매일헬스뉴트리션 박석준 대표님, 엠디웰아이엔씨 송광호 대표님, 동화약품 홍성해 이사님께도 감사의 인사를 전합니다.

닐슨IQ Market Track

NielsenIQ 마켓트랙 / Express Go

자사 성과를 빠르고 쉽게 확인하고 싶으신가요?
닐슨IQ Market Track / Express Go 를 사용하면 가장 신뢰할 수 있는 마켓 데이터를 확인할 수 있습니다.

닐슨의 다양한 데이터를 보다 빠르고 효과적으로 비즈니스에 활용하고 싶으신가요?
닐슨IQ Market Track / Express Go 는 데이터를 효율적으로 분석하고 시각화한 단순하고 직관적인 인터페이스의 온라인 Tool 로 데이터 기반 결정을 내릴 수 있도록 돕기위해 제작되었습니다.

국내 소비재 시장 내 가장 공신력 있는 판매 성과 지표

Market	Product	Fact	Period	Category
대형마트 체인슈퍼마켓 조합마트 편의점 개인슈퍼	전체 시장 세그먼트 제조사 브랜드 SKU	판매성과 (액/량/수량) 판매가격 점포 입점율	주별 월별 분기별 연간 성과	FMCG 150개 품목

오프라인 성과 개선을 위한 인사이트 제공

카테고리 마켓트랜드	오프라인 시장 성과 진단	채널별 자사 포지션 진단	가격 변화 모니터링	TOP SKU 성과 변화
자사 브랜드 성과 경쟁사 동향 파악	성수기 기간의 시장 움직임	자사 집중 및 취약 채널 파악	판촉 현황 및 효과분석	신제품 출시 성과

닐슨IQ 전체 음료 리포트

전체 음료 및 각 카테고리 시장 현황

- 전체 음료 구성 : RTD커피, 탄산음료, 생수, 과일주스, 야채주스, RTD차, 숙취해소음료, 홍삼음료, 스포츠/비타민드링크, 에너지드링크, 탄산수 11개 카테고리
- 시장규모, 월별 추이, 채널별 현황, 주요사 카테고리 포트폴리오, 주요사 점유율 등 반기 비교

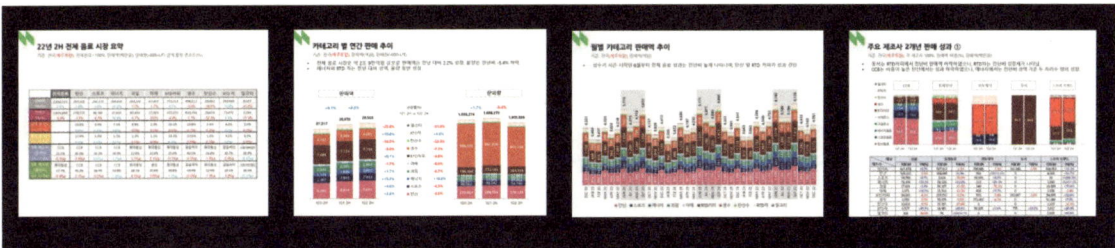

Contact to : Hyejin.won@nielseniq.com 원혜진 부장